国家自然科学基金项目（41202229）资助

水岩物理作用下
岩石力学特性研究

李克钢　著

U0315909

北　京
冶金工业出版社
2016

内 容 提 要

　　本书介绍了作者近年来有关水岩物理作用条件下岩石力学特性及其变化规律方面所取得的研究成果。本书讨论的水岩相互作用主要为两种：一是长时间、不间断浸水对岩石力学特性的影响，在该方面，重点探讨了白云岩单轴力学特性、剪切特性、声波特性等随含水率的变化规律；二是反复干湿循环操作对岩石力学特性的影响，其中又细分为低次和高次两种情况，重点阐述了砂岩物理特性、单轴压缩强度特性、变形特性、破坏特征和剪切特性等对干湿循环效应的响应规律，最后介绍了考虑干湿循环效应的三轴压缩试验和本构关系的建立过程。

　　本书可供从事采矿工程、地质工程、土木工程及水利工程等研究领域的工程技术人员，以及从事岩石力学及其相关专业的科研人员、高等院校师生等参考。

图书在版编目(CIP)数据

水岩物理作用下岩石力学特性研究／李克钢著 . —
北京：冶金工业出版社，2016.3
　ISBN 978-7-5024-7193-4

　Ⅰ.①水…　Ⅱ.①李…　Ⅲ.①岩石力学性质—研究
Ⅳ.①TU452

　中国版本图书馆 CIP 数据核字(2016)第 045859 号

出　版　人　谭学余
地　　　址　北京市东城区嵩祝院北巷 39 号　邮编　100009　电话　(010)64027926
网　　　址　www. cnmip. com. cn　电子信箱　yjcbs@ cnmip. com. cn
责任编辑　杨秋奎　美术编辑　杨　帆　版式设计　杨　帆　孙跃红
责任校对　李　娜　责任印制　牛晓波
ISBN 978-7-5024-7193-4
冶金工业出版社出版发行；各地新华书店经销；固安华明印业有限公司印刷
2016 年 3 月第 1 版，2016 年 3 月第 1 次印刷
169mm×239mm；9 印张；175 千字；136 页
38.00 元

冶金工业出版社　投稿电话　(010)64027932　投稿信箱　tougao@ cnmip. com. cn
冶金工业出版社营销中心　电话　(010)64044283　传真　(010)64027893
冶金书店　地址　北京市东四西大街 46 号(100010)　电话　(010)65289081(兼传真)
冶金工业出版社天猫旗舰店　yjgycbs. tmall. com
(本书如有印装质量问题，本社营销中心负责退换)

前　　言

由于水对岩石力学特性及岩石工程稳定性的影响具有普遍性，因此对水岩相互作用的研究始终是岩土工程相关科研人员研究的前沿领域和重要内容。考虑到水岩相互作用的复杂性，要想系统全面地将水岩之间的物理作用（包括润滑、软化、干湿、冻融等）、化学作用（包括水化、溶解、酸化等）、力学作用（包括静水压力、动水压力等）以及不同水岩作用方式下岩石不同受力（如抗压、抗拉、抗剪等）状态时的力学特性变化规律全面覆盖是很困难的。本书重点介绍的是在软化和干湿两种水岩物理作用下岩石的力学特性及变化规律，而对水岩化学作用和力学作用并未涉及。

之所以有如此多的研究人员关注水岩作用下的岩石力学特性，是因为在岩石与水交互作用的过程中，岩石的强度、变形参数、剪切参数等力学特性会出现不同程度的降低，进而影响岩石工程的稳定程度。在水的影响下，岩石的强度也好，参数也罢，究竟会降低多少，将呈现何种变化规律，只能通过大量的、实实在在的试验研究才能获得。本书总结了作者近年来对水岩物理作用条件下岩石力学特性及其变化规律方面所取得的研究成果。全书共6章，主要介绍了含水率的连续变化对岩石力学特性的影响（第2章）、反复干湿循环对岩石单轴和剪切力学特性的影响（第3、4章）、三轴压缩条件下岩石力学特性对干湿循环效应的响应规律（第5章）以及考虑干湿循环效应的岩石本构关系的建立（第6章）。鉴于目前有关干湿循环效应与岩石力学特性方面的研究成果多数是在干湿循环最大次数为15次左右得到的，因此，本书特别对这一内容进行了专题讨论，分别是第 3 章的低次干湿循环条件（最大干湿循环 15 次）和第 4、5 章的高次干湿循环条件（最大干湿循环达 30～50 次）。

　　由于岩石种类的多样性、岩石性质本身的复杂性以及岩石所处工程条件的多变性，对岩石力学的研究是一项需要长期为之付出努力的科研事业。本书的研究内容与成果只是"冰山一角"，今后还需开展更进一步的探索与研究。在成书过程中参考了部分国内外有关水岩研究方面的文献，谨向文献的作者表示感谢。

　　由于著者水平所限，书中不妥之处恳请专家和读者批评指正。

著 者

2015 年 12 月

目　录

1 绪 论

1.1 引言

岩石力学最早起源于采矿工程,但作为一门学科的出现,是随着矿山、公路、铁路、水利、水电、土木及国防等众多岩土工程建设的需要和各种力学理论、计算技术、实验手段等的进步而逐步发展形成的。岩石力学面向的研究对象是经历漫长的地质作用且受工程活动影响的那部分极其复杂非均质、各向异性的岩体。岩石是自然界最为复杂的固体材料之一,由于反复多次的地质构造应力场作用和改造,使得原本较为完整的岩体变成了不同损伤程度的地质体,并形成了大小不一、形态各异的节理、裂隙等结构面及断层,因此,即便是看上去比较完整的岩块,在其内部亦随机分布着大量的隐微裂隙。近些年,随着"三峡工程"、"西气东输工程"、"南水北调工程"、深部矿产资源开采、地下隧道与厂房建设、核废料地下处置、地下能源的储存与开发等各种岩土工程规模的不断扩大,对岩体开发、改造的深度与广度不断深入,遇到的岩土工程问题也不断增多。

在众多的岩土工程问题中,除岩土环境问题外,大多数集中在岩土工程的稳定性上,如地基的稳定性、边坡的稳定性、硐室的稳定性、隧道的稳定性等,因此,要有效解决岩土工程问题,根本上可归结为评价并维护岩体稳定性的问题。众所周知,影响岩体稳定性的因素很多,岩石坚硬程度和岩体完整程度是岩体的基本属性,它反映了岩体质量的基本特征。除此以外,水、岩体结构、应力状态以及工程轴线或走向线方位与主要软弱结构面产状的组合关系等也是影响岩体稳定很重要的因素。其中,由于岩石水理性的存在及自然界中水存在的广泛性,使得水成为所有影响因素中最为普遍、也最为重要的一个条件,也正因如此,才有了"十个边坡九个水"之说,也才有了含膨胀性矿物岩石不断吸水膨胀进而导致巷道失稳破坏的情况。

据不完全统计,90%以上岩体边坡的失稳破坏、60%的矿井事故及30%~40%的水电工程大坝失事等均与水有着密切关系。如此多的工程岩体失稳与破坏由水对岩石的作用所引起,更进一步说明自然界中广泛存在的水岩相互作用对岩石的力学性质及岩体工程的稳定性有着非常重要的影响。从岩土工程领域的研究角度出发,水岩相互作用实质上就是水与岩土体之间不断进行物理、化学、力学作用的过程，不管哪种作用方式，它们的实质均是使岩土体物理力学参数发生改变，进而引起岩体工程稳定性的变化。因此，作为岩土工程领域研究的热点与前沿课题，系统地研究水岩相互作用下岩石物理力学特性的变化规律，掌握在水的物理、化学、力学作用下岩土体所产生的劣化效应，不仅可以为相关岩土工程的开挖、支护和稳定性分析提供科学理论依据，还有利于工程的安全建设及确保其长期稳定，而且也是对岩石力学理论体系的进一步完善与有益补充。

1.2 国内外研究现状

20 世纪 30 年代，太沙基在对云母开展室内劈裂实验时，发现云母被劈开裂缝的长度受水溶液的影响明显，由此揭开了水岩相互作用研究的帷幕，但水岩相互作用作为术语被正式使用，则是在 50 年代以后的事情。从发展进程看，水岩相互作用的研究大致可分为以下几个阶段：20 世纪 50～70 年代初为起步阶段，70 年代初～80 年代末为研究框架基本形成阶段，80 年代以后至今为快速全面发展阶段。自 1974 年第一届国际水岩相互作用大会召开至今，已经连续举办了 14届，每三年举办一次，最近一次于 2014 年 6 月 8～14 日在法国阿维尼翁举办。由于该国际大会由国际地球化学协会（IAGC）主办，所以以会议内容主要偏向于水岩作用的水化学方面，例如探测地球中水的化学演化、水质时空分布规律、水－岩作用的地球化学特征与地质效应、页岩气开采、地热流体、化学动力学等方面，而对水－岩作用的另一分支即水动力学方面涉及较少，而该部分内容，包括水岩作用下的岩土体稳定性问题、地质灾害发生机理等，与岩石力学关系最为密切，因此，针对该部分水岩相互作用方面的研究便成为当前岩石力学研究的重点与热点。水岩相互作用过程示意图可用图 1－1 表示。

1.2.1 水岩相互作用下岩石力学特性研究现状

针对水对岩石力学性质影响方面，开展相对较早且成果相对丰富的研究内容集中在岩石中含水量的不同状态与岩石力学性质变化规律方面。

在国外方面，L. Obert 等很早就对含水量对不同矿岩强度方面的影响进行了研究，结果表明，砂岩在饱水状态下的抗压强度较风干状态下降了 10%～20%。Colback 和 B. L. Wiid 就水对岩石在变形及强度特征方面的影响作了一定程度的研究。Y. P. Chugh 和 R. A. Missavage 分别研究了温度和湿度对岩石力学性能的影响，结果表明随着湿度的加大，岩石泊松比上升，而抗压强度、弹性模量以及断裂韧度都有不同程度的下降。L. J. Feucbt 等以水岩化学作用为出发点，通过模拟化学环境讨论了其对砂岩在力学摩擦特性方面的影响。B. K. Atkinson 等研究了 HCl 和 NaOH 溶液对石英的裂隙扩展速率、应力强度因子和应力强度系数的影响。J. M. Logan 与 J. H. Dieterich 等也认为环境侵蚀对摩擦变形的影响很大。

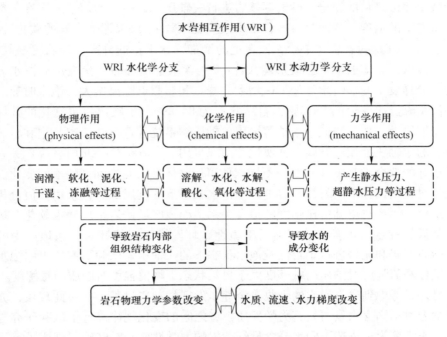

图 1 - 1 水岩相互作用过程示意图 (据傅晏, 2010)

A. B. Hawkins 等对英国 35 种砂岩进行了干燥和饱水条件下的单轴抗压强度的对比试验, 研究发现饱水后的砂岩强度普遍降低, 强度损失率主要受制于岩石中石英和黏土矿物的比例, 并认为泥屑岩的水稳定性较差主要是与含水量增大时黏土颗粒的结合水膜厚度加大及抗剪强度降低有关等。

对于饱水后的岩石力学特性, 国内许多学者也进行了大量的研究。陈钢林等通过对不同饱水条件下的花岗闪长岩、砂岩、大理岩和灰岩进行单轴压缩试验, 分析了这几种岩石抗压强度和弹性模量随饱水度的变化关系, 得出了岩石含水率与岩石力学效应密切相关, 干燥花岗闪长岩、砂岩浸水后, 其弹性模量和峰值强度随饱水度的增大而迅速降低等相关结论。张倬元等通过研究认为由于水的作用, 导致岩体孔隙水压力发生变化, 继而影响岩石的力学性能; 黄润秋等在地下水劈裂作用方面亦取得了一定的研究成果。朱合华等对饱水状态下致密岩石的声学参数进行了探讨, 认为岩石饱水后纵波主频明显降低, 且岩石滤波作用的各向异性明显, 从而间接地反映了岩石的各向异性, 即不同方向上微观结构的差异性。赵中波进行了干燥及含水率为 7% 的板岩的抗拉、抗压和抗剪试验, 证实了板岩在干燥状态下抗压强度为 80MPa, 含水状态下为 45MPa, 强度下降了 57% 左右, 水对岩石具有弱化作用, 其主要原因是板岩层面相对光滑、粗糙度小, 试验工程中形成的相对薄层粉末减小了摩擦力, 破坏是沿层面产生的。曾云通过对盘道岭隧道地区采集的泥岩、砂岩等软岩进行三轴压缩试验，测定了岩石在天然和饱和状态下的强度、变形等参数，采用次应变系数 K_r 值来评估岩样的软化程度，结果表明：（1）随着岩样中粉黏粒含量的增加，含水量的升高，岩石更易软化，其强度降低，相应的应变、变形增大；（2）含水量增加后，受饱水后浸水软化作用，岩样发生变形时塑性变形区增大，峰点和屈服点距离增大，饱水时屈服点应变值是峰点应变值的 73.3%，自然状态为 84.8%，反映出浸水软化的效应作用使变形增大，强度降低。李铀等采用单轴压缩系统进行自然状态与饱和状态下花岗岩的单轴压缩流变试验，证实试验曲线可用 $u = a\sigma + F + A\ln(1 + \beta t)$ 关系式进行很好的拟合，其中 A 和 β 的不同取值可用来体现岩石饱和度的不同变化。彭曙光等对金川四种不同岩性矿岩进行了饱水状态下的抗压试验，采用数值分析方法总结出含水率与单轴抗压强度的拟合关系，而该区域矿岩呈现遇水软化、抗压强度降低的特点，且岩石破坏不属于脆性破坏。熊德国等针对煤系地层中的砂岩、砂质泥岩和泥岩进行了自然及饱水状态下的三轴压缩试验研究，表明饱水状态下试样峰值强度对围压的敏感度大于自然状态下峰值强度对围压的敏感度。

另外，考虑到岩石对水的吸收是个逐步发展的动态过程，针对此现象，亦有不少学者对不同含水量与岩石力学性质二者之间的变化规律进行了试验研究与探讨。如胡昕等为了描述不同水分含量红砂岩的力学性质，对红砂岩试样进行了不同幅度的吸水操作，继而对其进行单轴压缩变形试验，结果表明红砂岩的强度随吸水幅度的加大而降低，但当红砂岩含水率超过 6% 时，水对其力学特性的影响明显减弱，并建立了考虑含水率影响的红砂岩损伤统计关系模型。孟召平等就不同含水条件下沉积岩的力学性质进行了研究，结果表明，随含水量的加大，岩石单轴抗压强度及弹性模量有下降的趋势，在干燥及含水率较小的条件下，岩石应力 - 应变曲线上的应变软化阶段明显，即岩石在峰值强度后具有明显的脆性及剪切破坏特征，但在含水率较大的前提下，岩石的应变软化特性减弱，相应的塑性破坏特征体现得渐为明显，岩石的冲击倾向性能下降。李昌友等对风化板岩进行不同含水率条件下的崩解特性试验研究，证实了矿物的水理性强弱与含水率的变化交替程度有关，一般保持在天然含水率状态下浸水的矿岩，其水理性显现程度较小，而干燥失水作用的矿岩再浸水后，其水理性变得极其强烈。周翠英对碳质泥岩做了不同初始含水率和不同浸水时间状态下的抗剪强度试验，认为土石含水量的提高与水流带走土石中细小颗粒成分等物理作用，以及水的侵入使岩体破坏面上的有效正应力减小等力学作用是导致岩石抗剪强度弱化的主要原因。周瑞光等通过对断层破裂带附近糜棱岩、断层泥进行的一系列不同含水率流变试验，证实了岩石的破坏强度、内摩擦力、长期强度的内摩擦系数与含水率大小呈负指数关系，且断层泥蠕变特性具有明显的含水量力学效应。

1.2.2 水岩相互作用下岩石微结构的研究现状

国外学者 S. W. J. Den 等对高温、不同含水状态、不同加载速率等条件下的砂岩进行了试验研究以分析砂岩内部微裂隙的变化情况。J. Hadizadeh 等通过不同围压和应变速率下的砂岩力学试验，阐述了水对砂岩强度的劣化效应，认为砂岩的颗粒形态、胶结成分、孔隙形态和孔隙大小等是影响水对岩石不同作用程度的主要因素。T. Heggheim 等对不同溶度盐水、乙醇和海水处理后的灰岩进行了力学性能及相应微观结构的变化研究，认为灰岩力学性能的变化取决于溶液中的离子与灰岩之间化学反应的结果，即灰岩矿物结构与成分的变化，并基于研究成果初步建立了相关的理论模型。F. S. Jeng 等以中国台湾地区的第三纪砂岩为研究对象，分析水作用下岩石弱化的微观机制，得到了单轴压缩条件下的强度随岩石水饱和度的增加呈现负指数关系下降的结果，同时对其进行了干湿循环淋滤作用的模拟，在循环了 60 次后砂岩强度下降了近 20%，而孔隙率随循环次数的增加呈现非线性增长的态势。F. G. Bell 等总结了地下水对岩石及土体工程性质等方面的影响情况，认为水对岩石化学风化作用的原因主要有两方面：一方面认为就水本身而言水就是有效媒介，另一方面则是水对组成岩石的矿物进行持续溶解的过程。M. G. Karfakis 等以化学环境为出发点探讨了其对岩石破裂等方面的影响情况。J. Dunning 等通过试验得到了岩石在湿润条件下其破坏结果韧性值较干燥状态下要低，同时前者裂纹扩展速度较后者要快的结果。

国内学者汤连生等在岩石水化学作用效应方面有着较为深入的研究，分析表明，岩石之所以产生水 - 岩化学作用力学效应，关键因素是岩石内部的胶结成分及所含钙离子或铁离子矿物的程度。冯夏庭等在对岩石分别进行了水浸泡及不同化学溶液的侵蚀处理后，进行了单轴压缩试验并及时观察了试验过程中岩石内部微缺陷等的发展演变情况，分析了灰岩、砂岩及花岗岩在化学腐蚀下微细破裂变化情况及相应的蚀变机制，另外还对砂岩在三轴加载过程中微缺陷等的发展演变过程利用 CT 技术进行了即时扫描，并在试验后基于统计的 CT 数建立了考虑化学腐蚀效应的砂岩损伤变量关系。杨春和等通过对板岩进行最大上限为 9d 的不同时间浸泡处理，发现岩样内部的矿物颗粒随着浸泡的持续体积逐渐膨胀，胶结变得松散，孔隙度也随之增大。周翠英等对软岩进行了水化学作用的研究，认为岩石软化是诸多因素综合作用的结果，如易溶性矿物的溶解及相应矿物的生成、黏土矿物的亲水性、水作用下软岩内部微观力学的作用机制等。乔丽苹等针对不同水环境下组成砂岩的矿物蚀变以及砂岩的孔隙率变化等情况进行了相关的试验，从微观、细观方面探讨了砂岩的损伤机制。

1.2.3 干湿循环作用下岩土体材料力学特性研究现状

对干湿交替作用下岩石（土）类材料基本力学特性方面的研究，主要集中在混凝土及膨胀土方面，如乔宏霞、黎海南等学者将粉煤灰混凝土置于饮用水中进行干湿循环试验，试验结果表明混凝土的动弹性模量降低，干湿循环作用对混凝土有较强的损伤作用。Steven H. Kosmatka 等认为硬化的混凝土吸湿会出现膨胀，干燥时会产生收缩，当混凝土受到约束时，内部将产生拉应力，而当其超过混凝土的抗拉强度时，便会出现裂缝。Robert D. Cody 等通过试验对比了混凝土在硫酸钠溶液中干湿循环、连续浸泡和冻融循环状态等不同条件下的膨胀量，结果表明干湿循环作用的影响最大，连续浸泡产生的影响最小。于连顺对不同干湿循环幅度下膨胀土的强度和变形规律进行了研究，认为干湿循环会对膨胀土的强度参数产生影响，且对黏聚力的影响程度大于内摩擦角，而膨胀土的变形随着干湿循环次数的增加表现出先增大后趋于稳定的特征。王艳军在对膨胀土进行干湿循环试验后也认为干湿循环的影响主要体现在土体强度衰减上，且对黏聚力的影响要明显大于内摩擦角。杨和平等通过试验研究了有荷条件下膨胀土的干湿循环胀缩变形及强度变化规律，得到了在干湿循环次数相同时，膨胀土的胀缩率与荷载大小成反比，而在荷载大小不变时，膨胀土的抗剪强度与干湿循环次数亦成反比的结论。

在有关岩石物理力学特性与干湿交替作用二者之间的关系方面，已有的研究成果相对较少，且主要集中在有关干湿循环次数对岩石强度的影响方面，如傅晏等对干湿循环作用下微风化砂岩的强度特性进行了研究，在经过 15 次的干湿循环操作后，微风化砂岩的抗压和抗拉强度以及弹性模量均出现下降，且与干湿循环次数的变化规律可用对数函数关系表示。另外，他还以中风化砂岩为研究对象，对其进行了不同程度的干湿循环操作，并通过试验探讨了砂岩抗剪强度特性随干湿交替次数的变化规律，结果表明砂岩抗剪强度参数随干湿循环幅度的加大有减小的趋势，且这种现象在前期体现的较为明显，后期的减小幅度则逐渐变缓。姚华彦等对红砂岩进行了最大上限为 8 次的室内干湿交替模拟，在此基础上对干燥及经过不同干湿交替作用的红砂岩试样开展了单轴压缩与三轴压缩试验，同样的，分析表明，经干湿交替作用后红砂岩试样的强度与变形参数较干燥状态出现了一定程度的下降。秦世陶等进行了两种不同岩性的多次干湿、变温循环试验研究，发现干湿循环下的岩石强度损失率要大于变温循环，且岩石强度的衰减并不是随着循环次数的增加无限制的增大，而是存在一个临界循环次数。许波涛等分析了二长浅粒岩在干燥和饱水这一简单干湿循环条件下的动静弹模关系，发现饱和状态下的动静弹模比值总是大于 1，且干燥状态下的动静弹模比值要比饱和状态时小。A. Prick 研究比较了干湿、冻融交替两种作用对页岩风化的影响程度，亦得到了后者作用更为强烈、但前者的影响也不可忽略的结论。

1.2.4 岩石本构关系研究现状

对岩石本构关系的探索，国内外许多研究学者在试验的基础上，根据岩石材料的复杂多变性提出了许多本构模型，如线弹性模型（如虎克定律）、弹塑性模型（如剑桥模型）、黏弹塑性模型（如修正的索费尔德－斯科特－布内尔模型）等，这些模型都在一定程度上反映了岩石的力学性质。

国外学者在此领域涉足较早，Dougill 是国内外最早提出岩石材料损伤力学研究的。Dragon 和 Morz 提出了能反映应变软化岩石与混凝土的弹性本构关系的应用损伤概念，认为塑性膨胀率与损伤有直接的关系，并建立了相应的连续介质损伤力学模型。随后 Krajcinovic 和 Kachanov 等分别从不同的角度将损伤力学应用于岩石材料，并从岩石自身的构造特征出发，探讨岩石损伤的机理，建立了相应的理论和模型，且将有关成果进一步推广到了一般的脆性损伤问题。Lemaitre 采用等效应变概念提出一种应力－应变关系，认为只需要将本构关系中的应力用有效应力代替，该本构关系就能体现其应变性能。Krajcinovic 以岩石脆性类材料为研究对象，在基于热力学理论建立本构关系方面作了较为系统的研究。Ortiz 从岩石材料内部微裂纹损伤这一基点出发构建了相应的连续损伤模型。Costin 建立了连续损伤关系，用于等效宏观损伤标准表征微裂纹的扩展。

国内学者在此方面也做了大量的工作，亦取得了不少的成果，推动了岩石统计损伤力学的发展。李长春等考虑微裂纹对岩石材料力学特性的影响，根据假设的弹性介质、小裂纹和等效裂纹，采用自洽方法建立脆性岩石类材料的细观损伤本构关系。叶黔元将岩石类材料分为未损伤和损伤两种来讨论它的自由特性，并引入内蕴时理论，建立了岩石内时损伤模型。唐春安则以试验过程中岩石的纵向应变作为损伤统计分布变量，对岩石材料的断裂损伤过程进行了深入的研究。吴政等根据 Weibull 统计理论从唯象学的角度出发，推导出了岩石单轴压缩荷载作用下的损伤模型，揭示出了岩石材料固有力学特性与临界损伤值的关系。曹文贵等基于 Drucker-Prager 强度破坏准则，引入了岩石微元强度这一概念，且以岩石微元强度服从 Weibull 随机分布特征为切入点，构建了岩石变形断裂过程的损伤软化统计本构模型，并通过对本构方程进行 2 次对数及线性拟合取得 Weibull 分布参数。杨友卿根据岩石材料强度的概率统计特征，并结合莫尔强度理论，建立了三轴压缩应力状态的岩石损伤本构模型。徐卫亚、杨圣奇等基于岩石微元强度的随机统计分布假定及岩石应变强度理论，构建了单轴压缩条件下考虑材料残余强度的岩石损伤统计本构模型，并基于不同尺寸岩石所得试验结果差异性这一实际情况，建立了考虑尺寸效应的岩石材料损伤统计本构关系。李树春等在前人研究的基础上，针对以往岩石材料损伤统计本构关系存在的缺陷，引入岩石应力－应变全过程曲线特征参量及初始损伤系数 q，以此对岩石材料损伤统计本构关系进行了修正。刘树新等以岩石微元强度的 Mohr-Coulomb 准则为出发点，在基于 Weibull 分布建立的本构关系中引进了考虑岩石初始损伤的分形参数，并研究了岩石微元强度 Weibull 参数在不同多重分形参数下的取值规律。刘军忠等进行了斜长角闪岩在不同应变率及围压等级下的冲击压缩力学特性试验研究，从岩石微元强度服从 Weibull 随机分布特点出发，在试验结果的基础上结合统计损伤模型及黏弹性模型建立了相应的动态损伤本构关系。此外，杨松岩、周飞平、韦立德等在 Terzaghi 型本构模型及 Darcy 定律的基础上，将面积分数、体积分数等作为损伤变量，建立了处理饱和非饱和岩石的损伤统计本构模型。

参考文献

[1] 刘业科. 水岩作用下深部岩体的损伤演化与流变特性研究 [D]. 长沙：中南大学，2012.

[2] 傅晏. 干湿循环水岩相互作用下岩石劣化机理研究 [D]. 重庆：重庆大学，2010.

[3] Obert L, Windes S L, Duvall W L. Standardized tests for determining the physical properties of mine rock [J]. RI－3891, Bureau of Mines, U. S. Dept. of the Interior, 1946.

[4] Colback Wiid B L. Influence of moisture content on the essive strength of rock [C] // Proc. 3rd Canadian Rock Mech. Symp. University of Toronto, 1965：385～391.

[5] Chugh Y P, Missavage R A. Effects of moisture on strata coal mines [J]. Engineering Geology, 1981 (17)：241～255.

[6] Feucbt L J, John M L. Effects of chemically active solutions on shearing behavior of a sandstone [J]. Tectonophysics, 1990 (175)：159～176.

[7] Atkinson B K, Meredith P G. Stress corrosion cracking of quartz：A note on the influence of chemical environment [J]. Tectonophysics, 1981 (77)：1～11.

[8] Logan J M, et al. The influence of chemically active fluids on the frictional behavior of sandstones [J]. EOS, Trans. Am. Geophys. Union, 1983, 64 (2)：835～840.

[9] Dieterich J H, Conrad G. Effects of humidity on time and velocity dependent friction in rocks [J]. J. Geophys. Res, 1984 (89)：4196～4202.

[10] Hawkins A B, McConnell B J. Sensitivity of sandstone strength and deformability to changes in moisture content [J]. Quarterly Journal of Engineering Geology, 1992, 25 (11)：115～130.

[11] 陈钢林. 水对受力岩石变形破坏宏观力学效应的试验研究 [J]. 地球物理学报，1991 (3)：335～342.

[12] 张倬元，王士天，王兰生. 工程地质分析原理 [M]. 第二版. 北京：地质出版社，1997.

[13] 黄润秋，王贤能，陈龙生. 深埋隧道涌水过程的水力劈裂作用分析 [J]. 岩石力学与工程学报，2000, 19 (5)：573～576.

[14] 朱合华，周治国，邓涛. 饱水对致密岩石声学参数影响的试验研究 [J]. 岩石力学与工程学报，2005，24（5）：823~828.

[15] 赵中波. 某水电坝基工程岩石物理力学试验及探讨 [J]. 江西有色金属，1998，12（4）：4~6.

[16] 曾云. 盘道岭隧洞软弱岩石浸水软化对强度和变形特性的影响 [J]. 陕西水力发电，1994，10（1）：29~33.

[17] 李铀，朱维申，白世伟，等. 风干与饱水状态下花岗岩单轴流变特性试验研究 [J]. 岩石力学与工程学报，2003，22（10）：1673~1677.

[18] 彭曙光，裴世聪. 水－岩作用对岩石抗压强度效应及形貌指标的实验研究 [J]. 实验力学，2010，25（3）：365~370.

[19] 熊德国，赵忠明，苏承东，等. 饱水对煤系地层岩石力学性质影响的试验研究 [J]. 岩石力学与工程学报，2011，30（5）：998~1006.

[20] 周瑞光，成彬芳，高玉生，等. 断层泥蠕变特性与含水量的关系研究 [J]. 工程地质学报，1998，6（3）：217~222.

[21] 胡昕，洪宝宁，孟云梅. 考虑含水率影响的红砂岩损伤统计模型 [J]. 中国矿业大学学报，2007，36（5）：609~613.

[22] 孟召平，潘结南，刘亮亮，等. 含水量对沉积岩力学性质及其冲击倾向性的影响 [J]. 岩石力学与工程学报，2009，28（A1）：2637~2643.

[23] 李昌友，傅鹤林，蔡海良，等. 风化板岩水理特性研究 [J]. 铁道科学与工程学报，2009，6（1）：74~77.

[24] 周翠英，邓毅梅，谭祥韶，等. 饱水软岩力学性质软化的试验研究与应用 [J]. 岩石力学与工程学报，2005，24（1）：33~38.

[25] Den Brok S W J, Spiers C J. Experimental evidence for water weakening of quartzite by microcracking plus solution-precipitation creep [J]. Journal of Geological Society, 1991, 148（3）：541~548.

[26] Hadizadeh J. Water-weakening of sandstone and quartzite deformed at various stress and strain rates [J]. Int. J. Rock Mech. Min. Sci, 1991, 28（5）：431~439.

[27] Heggheim T, Madland M V, Risnes R, et al. A chemical induced enhanced weakening of chalk by seawater [J]. Journal of Petroleum Science and Engineering, 2004, 46（3）：171~184.

[28] Jeng F S, Lin M L, Huang T H. Wetting deterioration of soft sandstone-microscopic insights [C] // An International Conference on Geotechnical and Geological Engineering, Melbourne, Australia, 19th－24th Nov. 2000.

[29] Lin M L, Jeng F S, Tai L S, et al. Wetting weakening of tertiary sandstones-microscopic mechanism [J]. Environment Geology, 2005（48）：265~275.

[30] Bell F G, Cripps J C, Culshaw M G. A review of the engineering behaviour of soils and rocks with respect to groundwater [J]. Groundwater in Engineering Geology, London, 1986：1~23.

[31] Karfakis M G, Askram M. Effects of chemical solutions on rock fracturing [J]. Int. J. Rock Mech. Mi. Sci. & Geomeeh. Abstr. 1993, 37（7）：1253~1259.

[32] Dunning J, Douglas B, Milleretc M. The role of the chemical environment in frictional deforma-

tion: stress corrosion cracking and comminution [J]. Pure and Applied Geophysics Pageoph, 1994, 143 (1~3): 151~178.

[33] 汤连生，张鹏程，王思敬. 水-岩化学作用的岩石宏观力学效应的试验研究 [J]. 岩石力学与工程学报, 2002, 21 (4): 526~531.

[34] 汤连生，张鹏程，王思敬. 水-岩化学作用之岩石断裂力学效应的试验研究 [J]. 岩石力学与工程学报, 2002, 21 (6): 822~827.

[35] 冯夏庭，王川婴，陈四利. 受环境侵蚀的岩石细观破裂过程试验与实时观测 [J]. 岩石力学与工程学报, 2002, 21 (7): 935~939.

[36] 陈四利，冯夏庭，李邵军. 岩石单轴抗压强度与破裂特征的化学腐蚀效应 [J]. 岩石力学与工程学报, 2003, 22 (4): 547~551.

[37] 陈四利，冯夏庭，周辉. 化学腐蚀下砂岩三轴细观损伤机理及损伤变量分析 [J]. 岩石力学与工程学报, 2004, 25 (9): 1363~1367.

[38] 丁梧秀，冯夏庭. 灰岩细观结构的化学损伤效应及化学损伤定量化研究方法探讨 [J]. 岩石力学与工程学报, 2005, 24 (8): 1283~1288.

[39] 杨春和，冒海军，王学潮，等. 板岩遇水软化的微观结构及力学特性研究 [J]. 岩土力学, 2006, 27 (12): 2090~2098.

[40] 周翠英，邓毅梅，谭祥韶，等. 软岩在饱水过程中水溶液化学成分变化规律研究 [J]. 岩石力学与工程学报, 2004, 23 (22): 3813~3817.

[41] 周翠英，谭祥韶，邓毅梅，等. 特殊软岩软化的微观机制研究 [J]. 岩石力学与工程学报, 2005, 24 (3): 394~400.

[42] 乔丽苹，刘建，冯夏庭. 砂岩水物理化学损伤机制研究 [J]. 岩石力学与工程学报, 2007, 26 (10): 2117~2124.

[43] 乔宏霞，何忠茂，刘翠兰. 粉煤灰混凝土在硫酸盐环境中的动弹性模量研究 [J]. 粉煤灰综合利用, 2006 (1): 6~8.

[44] 黎海南，乔宏霞，刘翠兰. 细石混凝土在硫酸盐环境中的试验研究 [J]. 中国建材科技, 2008 (2): 20~25.

[45] Steven H Kosmatka. 混凝土设计与控制 [M]. 重庆：重庆大学出版社, 2005.

[46] Robert D Cody, Anita M Cody. Reduction of concrete deterioration by ettringite using crystal growth inhibition techniques [R]. Final Report, 2001.

[47] 于连顺. 干湿交替环境下膨胀土的累积损伤研究 [D]. 南宁：广西大学, 2008.

[48] 王艳军. 膨胀土干湿循环强度特性的试验研究 [J]. 山西建筑, 2007, 33 (12): 120~121.

[49] 杨和平，张锐，郑健龙. 有荷条件下膨胀土的干湿循环胀缩变形及强度变化规律 [J]. 岩土工程学报, 2006, 28 (11): 1936~1941.

[50] 姚华彦，张振华，朱朝辉，等. 干湿交替对砂岩力学特性影响的试验研究 [J]. 岩土力学, 2010, 31 (12): 3704~3709.

[51] 秦世陶，刘蓉，杨喜华. 强风化岩石长期稳定性试验研究 [J]. 中南水力发电, 2006 (6): 41~48.

[52] 许波涛，尹健民，王煜霞. 岩石干湿状态下动静弹模关系特征及工程意义 [J]. 岩石力

学与工程学报，2001，20（增刊）：1755～1757.

［53］ Prick A. Dilatometrical behaviour of porous calcareous rock samples subjected to freeze – thaw cycles ［J］. Catena, 1995（25）：7～20.

［54］ Doogill J W, Lau J C, Bun N J. Toward a theoretical model for progressive failure and softening in rock, concrete and similar materials ［J］. Mech in Engng, ASCE – END, 1976：335～355.

［55］ Dragon A, Mroz Z. A continuum model for plastic-brittle behaviour of rock and concrete ［J］. Int. J. Engng, Sci, 1979（17）：121～137.

［56］ Krajcinovc D, Fonseka G U. The continuous damage theory of brittle materials, part Ⅰ and part Ⅱ ［J］. ASMEJ. Appl. Mech, 1981, 48（4）：809～824.

［57］ Krajcinovc D, Silva M A G. Statistical aspects of the continuous damage theory ［J］. Int, J. Solids Structure, 1982, 18（7）.

［58］ Kachanov M L. A microcrack model of rock inelasticity, part Ⅰ：Frictional sliding on microcrack, part Ⅱ：Propagation of microcracks ［J］. Mech Mal, 1982a（1）：3～28.

［59］ Lemaitre J. A continuous damage mechanics model for ductile fracture ［J］. Alt. Trans. ASME, J. of Engng, Mat and Techn, 1985（107）：83～89.

［60］ 李长春. 岩石类脆性材料的细观损伤本构关系 ［J］. 岩土力学，1989，10（2）：55～68.

［61］ 叶黔元. 岩石的内时损伤本构模型 ［C］//第四届全国岩土力学数值分析与解析方法讨论会论文集，武汉：武汉测绘科技大学出版社，1991.

［62］ 唐春安. 岩石破裂过程中的灾变 ［M］. 北京：煤炭工业出版社，1993.

［63］ 吴政，张承娟. 单向荷载作用下岩石损伤模型及其力学特性研究 ［J］. 岩石力学与工程学报，1996，15（1）：55～61.

［64］ 曹文贵，方祖烈，唐学军. 岩石损伤软化统计本构模型之研究 ［J］. 岩石力学与工程学报，1998，17（6）：628～633.

［65］ 曹文贵，赵明华，刘成学. 基于 Weibull 分布的岩石损伤软化模型及其修正方法研究 ［J］. 岩石力学与工程学报，2004，23（19）：3226～3231.

［66］ 杨友卿. 岩石强度的损伤力学分析 ［J］. 岩石力学与工程学报，1999，18（1）：23～27.

［67］ 徐卫亚，韦立德. 岩石损伤统计本构模型的研究 ［J］. 岩石力学与工程学报，2002，21（6）：787～791.

［68］ 杨圣奇，徐卫亚，韦立德，等. 单轴压缩下岩石损伤统计本构模型与试验研究 ［J］. 河海大学学报（自然科学版），2004，32（2）：200～203.

［69］ 杨圣奇，徐卫亚，苏承东. 考虑尺寸效应的岩石损伤统计本构模型研究 ［J］. 岩石力学与工程学报，2005，24（24）：4484～4490.

［70］ 李树春，许江，李克钢. 基于初始损伤系数修正的岩石损伤统计本构模型 ［J］. 四川大学学报（工程科学版），2007，39（6）：41～44.

［71］ 刘树新，刘长武，韩小刚，等. 基于损伤多重分形特征的岩石强度 Weibull 参数研究 ［J］. 岩土工程学报，2011，33（11）：1786～1791.

［72］ 刘军忠，许金余，吕晓聪，等. 围压下岩石的冲击力学行为及动态统计损伤本构模型研

究［J］. 工程力学，2012，29（1）：55～63.

［73］杨松岩，俞茂宏. 多相孔隙介质的本构描述［J］. 力学学报，2000，32（1）：11～24.

［74］周飞平，刘光廷，李鹏辉. 复杂应力状态下的饱和体本构模型及内力变化［J］. 清华大学学报（自然科学版），2003，43（11）：1576～1579.

［75］韦立德，徐卫亚，邵建富. 饱和非饱和岩石损伤软化统计本构模型［J］. 水利水运工程学报，2003（2）：12～17.

2 不同含水率下岩石力学特性变化规律研究

大量的工程实践证明岩体工程的破坏与水有密切关系，因此水对岩石的力学性质影响规律早已引起广泛的关注。关于水对岩石力学性质的影响问题，国内外学者的研究多集中在干燥与饱水两种简单含水率状态对岩石抗压强度以及抗剪特性等影响方面，而且多以泥质岩或遇水敏感性强等吸水率大的岩石作为研究对象，对于含水率连续变化对岩石性能影响的研究报道相对较少，研究水对致密类岩石力学性质影响的成果更少。考虑到岩石类型的多样性及含水状态变化的连续性，深入研究致密类岩石含水状态的逐步变化对岩石力学性质的影响规律，有助于更好地掌握致密类岩石的力学特征，并为更加符合实际的岩体参数的确定提供一定的理论依据。本章以白云岩为研究对象，通过不同时间点的吸水性试验、声波试验、直剪试验及单轴压缩试验，分析不同含水率时白云岩强度及变形特性的变化规律。

2.1 试验对象

本次试验所选用岩样为取自云南某露天矿山的白云岩，经 X 衍射分析（图 2-1），试验用白云岩成分为 $CaMg(CO_3)_2$（白云石）含量 77.4%、SiO_2（石英）含量 16.8%、$Al(OH)_3$（水化铝）含量 2.4%、$CaCO_3$ 含量 1.5%、SiO_2（RUB-3）含量 1.8%，可知，该白云岩中以 $CaMg(CO_3)_2$（白云石）和 SiO_2（石英）为主。为了降低因岩石试件个体差异所造成的实验结果离散并提高试验的可对比性，用于制备试样的岩块均取自同一岩层相同部位的大块完整岩体。

2.2 白云岩样含水率随时间的变化规律

在采用自由浸水法进行岩石吸水性试验时，普遍认为当岩石在水中自由吸水48h 后便达到饱和状态，相关规范中亦是如此规定与要求的。然而，是否所有的岩石在自由吸水 48h 后都能达到或接近饱和状态呢？由于不同类型岩石成分不同、结构构造不同、致密程度不同，必然导致吸水特性不同，且对于致密类岩石或遇水不敏感的岩石而言，其吸水率变化的作用时间则更长，即其在自然状态下吸水饱和的过程将具有更加显著的时间效应。因此，该类岩石在自由吸水 48h 后是否能达到吸水饱和状态值得分析与探讨。

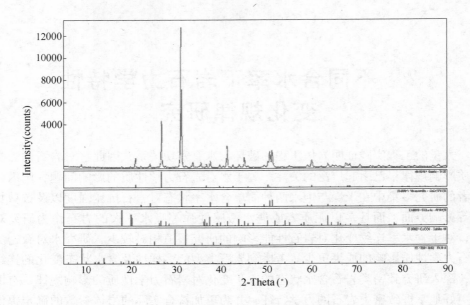

图 2-1   粉晶 X 衍射成分定性

考虑到本次试验岩样为较致密的白云岩，为了确切掌握该类致密性岩石真实的吸水饱和过程，进而为后续不同含水率力学试验点的确定提供依据，本次试验前首先选取了一组 $\phi50\text{mm} \times 50\text{mm}$ 的圆柱形标准试样，对其含水率随浸水时间的变化规律进行了测定，表 2-1 和图 2-2 是含水率测定试验结果。可以看出，在 24h 之内白云岩的含水率增加很快，24~48h 的含水率增加速度有所下降，但仍然比 24h 的含水率增大了 18%；48~72h 的含水率仍在缓慢增加，增加幅度为12.54%；72~96h 的含水率又增加了 3.92%。随后，随着浸水时间的继续增加，岩石的含水率一直呈现缓慢增大的趋势，到浸水 12d（288h）后，白云岩每天的含水率变化很小，基本保持稳定，最终的自由吸水率极限值可认定为 0.419%。

表 2-1   白云岩含水率随吸水时间的测试结果

吸水时间 /h	含水率/%						含水率相对 增长率/%
	ZJ-31	ZJ-32	ZJ-33	ZJ-34	ZJ-35	平均	
6	0.082	0.147	0.086	0.059	0.186	0.112	—
12	0.174	0.253	0.174	0.168	0.301	0.214	91.07
24	0.195	0.283	0.215	0.175	0.381	0.250	16.82
30	0.262	0.305	0.232	0.180	0.390	0.274	9.60
36	0.271	0.323	0.264	0.183	0.394	0.287	4.74

续表 2－1

吸水时间 /h	含水率/%						含水率相对增长率/%
	ZJ-31	ZJ-32	ZJ-33	ZJ-34	ZJ-35	平均	
46	0.287	0.344	0.272	0.185	0.386	0.295	2.79
55	0.302	0.345	0.272	0.194	0.404	0.303	2.71
60	0.303	0.355	0.328	0.217	0.454	0.332	9.57
71	0.293	0.343	0.320	0.225	0.478	0.332	0.00
83	0.305	0.345	0.321	0.229	0.478	0.336	1.20
97	0.306	0.347	0.354	0.232	0.488	0.345	2.68
109	0.300	0.350	0.356	0.249	0.501	0.351	1.74
120	0.308	0.353	0.361	0.253	0.511	0.357	1.71
132	0.319	0.360	0.372	0.254	0.529	0.367	2.80
144	0.318	0.361	0.366	0.255	0.534	0.367	0.00
156	0.316	0.364	0.387	0.255	0.535	0.371	1.09
167	0.330	0.363	0.380	0..254	0.536	0.373	0.54
180	0.352	0.366	0.409	0.274	0.564	0.393	5.36
196	0.357	0.364	0.410	0.278	0.570	0.396	0.76
212	0.367	0.364	0.430	0.297	0.571	0.406	2.53
224	0.369	0.375	0.430	0.301	0.572	0.410	0.99
236	0.370	0.375	0.431	0.290	0.581	0.409	−0.24
248	0.369	0.376	0.430	0.296	0.583	0.411	0.49
262	0.369	0.376	0.431	0.296	0.584	0.412	0.24
284	0.371	0.383	0.437	0.296	0.595	0.417	1.21
310	0.366	0.385	0.437	0.299	0.588	0.415	−0.48
319	0.370	0.387	0.437	0.302	0.593	0.418	0.72
332	0.368	0.398	0.436	0.300	0.595	0.419	0.24
354	0.368	0.396	0.437	0.299	0.594	0.419	0.00
376	0.369	0.396	0.437	0.300	0.594	0.419	0.00
450	0.384	0.393	0.460	0.310	0.614	0.432	3.10

　　上述试验结果说明，就本次试验用白云岩而言，48h 的自由吸水时间很难使白云岩的吸水率达到最终吸水率的 95% 左右，也就是说 48h 无法使白云岩在自由吸水状态下达到或接近饱和，而要使其在自由浸水下饱和（即达到最终吸水率的95% 左右），浸水时间应在 192h（即 8d）以上。

　　由于岩样很难在 48h 内实现吸水饱和，为了更加全面地了解不同吸水时间下

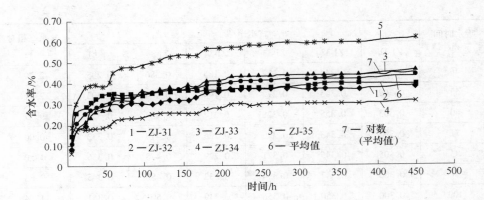

图 2 – 2   白云岩含水率随吸水时间变化曲线

的岩石力学特性变化规律，根据本次吸水性试验结果以及岩样数量和时间方面的限制，确定开展本次单轴压缩和直剪试验的吸水时间点如下：单轴压缩试验关键浸水时间点分别取 4h、24h、60h、200h 和 518h，直剪试验关键浸水时间点分别取 4h、8h、12h、24h、60h、180h 和 450h。

2.3   不同含水率下白云岩的单轴压缩试验研究

本试验是在长春市朝阳试验仪器有限公司开发的 TAW2000D 型微机控制电液伺服岩石三轴试验机上进行的，加载方式采用变形控制，加载速率为 0.01 mm/min。试验依据《工程岩体试验方法标准》的要求与规定进行，岩样直径和高度分别控制在 50mm 和 100mm 左右，即使高径比尽量接近 2∶1。试验开始前，将制作完成的标准试件在 105~110℃ 的烘箱中烘干 24h，冷却至室温称重，记录干燥状态下的质量，在完成岩样分组后，将其置于水槽中浸泡，当达到既定的浸水时间点时开始单轴压缩试验。图 2 – 3 为加工好的部分岩石试件。

图 2 – 3   加工完成的部分标准圆柱体试件

2.3.1 含水率测试

在每组试件进行单轴压缩试验前，对达到时间点的浸水岩样进行含水率的测定。表 2-2 为各组试件的基本数据及含水率测定结果。

表 2-2 试件尺寸及自由含水率测定结果

岩样编号	浸水时间 /h	直径 /mm	高度 /mm	干燥质量 /g	吸水后质量 /g	含水率/%	平均含水率 /%
DZ-60	0 (干燥 状态)	49.80	101.46	540.60		0.000	0.000
DZ-61		49.62	101.60	535.50	—	0.000	
DZ-62		49.02	100.28	519.50		0.000	
DZ-56	4	49.08	101.70	530.50	531.20	0.132	0.140
DZ-57		51.04	100.48	562.00	563.10	0.160	
DZ-58		49.82	101.06	541.70	542.40	0.129	
DZ-64	24	48.80	100.66	518.30	520.10	0.347	0.262
DZ-65		49.24	100.96	524.80	525.90	0.210	
DZ-67		49.36	100.60	523.50	524.70	0.229	
DZ-51	60	51.18	99.26	556.60	558.40	0.323	0.336
DZ-59		49.08	101.94	529.70	531.50	0.340	
DZ-63		49.04	101.58	523.10	524.90	0.344	
DZ-70	200	49.00	101.32	526.00	527.80	0.342	0.417
DZ-71		49.84	100.06	526.10	528.60	0.475	
DZ-72		49.42	100.80	531.30	533.60	0.433	
DZ-73	518	49.10	101.58	529.30	531.70	0.453	0.445
DZ-74		49.42	100.88	526.90	529.20	0.437	
DZ-75		48.54	100.86	515.20	517.50	0.446	

根据表 2-2 的试验数据，可绘制白云岩含水率 ω_a 随吸水时间的变化曲线，见图 2-4。对该曲线进行拟合，二者有着良好的对数函数关系，其相关方程为：

$$\omega_a = 0.065\ln t + 0.0572 , \qquad R^2 = 0.987 \qquad (2-1)$$

从试验结果不难看出，岩样的含水率随着浸水时间的增加而增大，在浸水 60h 内含水率急剧增大，60~200h 含水率仍在不断增加，但增加幅度明显收窄，200h 之后曲线逐渐趋缓。若将 500h 时的含水率 0.445% 认定为最终饱和吸水率，在浸水 20h 时，白云岩的含水率达到了总吸水率的 58.88%；在 48h 时，达到了总吸水率的 69.44%；在 60h 时，达到了 75.51%；在 200h 时，达到了 93.71%，

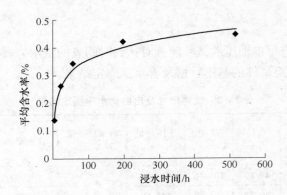

图 2 - 4　岩样平均含水率随时间变化关系

即当岩石浸水 8d 以上才能达到常规认定的饱和状态。

　　综上,岩样含水率随着浸水时间的增加而增大,其增加幅度在短时间内较为显著,经多次试验,就本次试验用的白云岩而言,浸水 48h 时后含水率约能达到最终吸水率的 7 成左右,但还未能达到常规认定的饱和状态。要想使其真正达到饱和,最佳的浸水时间应在 8d 以上。当然,该现象仅是针对白云岩而言,对其他不同类型的岩石是否亦存在此情况,今后还需做更进一步的大量的试验研究。

2.3.2　试验结果及分析

　　岩石的应力 - 应变曲线不仅反映了岩石变形特性的变化规律,而且是研究岩石力学特性、确定其本构关系的基础。本次单轴压缩试验共考虑了 6 种不同的浸水时间状态,每种浸水状态分别对 3 块岩样进行了试验。由试验得到不同浸水时间下的岩样单轴应力 - 应变曲线,见图 2 - 5。由图可以看出,随着浸水时间的增加,应力 - 应变曲线的峰值应力逐渐下降,轴向应力 - 应变曲线的斜率也有所降低,部分试样压缩破坏后的照片见图 2 - 6。

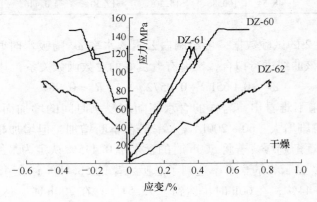

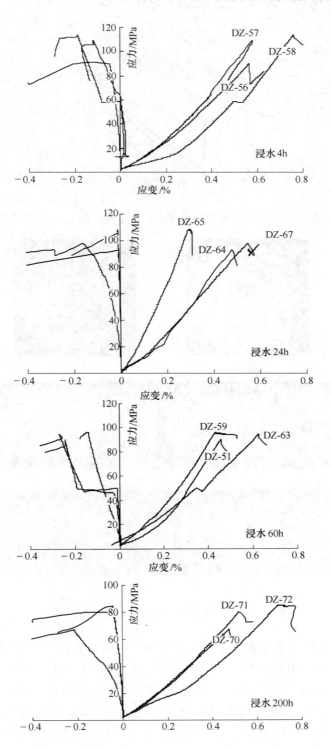

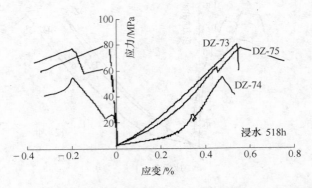

图 2 - 5　不同浸水时间（含水率）下单轴压缩应力－应变曲线

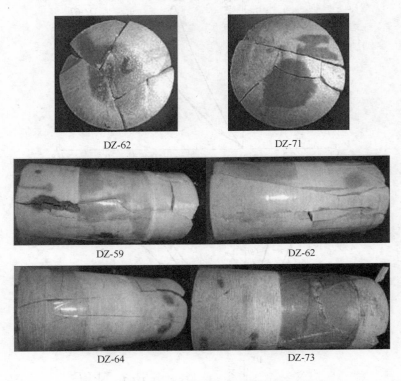

图 2 - 6　白云岩单轴压缩试验后部分试样照片

　　表 2 - 3 为白云岩单轴压缩变形试验结果。可以看出，白云岩的抗压强度、弹性模量和泊松比分别在 50 ~ 150MPa、11 ~ 35GPa 和 0.11 ~ 0.30 之间变化，干燥条件下，白云岩的平均抗压强度、弹性模量和泊松比分别为 120.19MPa、25.37GPa 和 0.14；当含水率达到 0.14%，即浸水 4h 时，抗压强度和弹性模量分别下降了 14.39% 和 12.06%，而泊松比上升了 7.14%；当含水率为 0.262%，即

浸水 24h 时，抗压强度和弹性模量分别下降了 17.12% 和 8.40%，而泊松比上升了 21.47%；当含水率为 0.336%，即浸水 60h 时，抗压强度和弹性模量分别下降了 23.16% 和 13.28%，而泊松比则突然出现了较大幅度的增加，增大幅度达到了 85.71%；当含水率达到最终含水率 0.445%，即浸水 518h 时，抗压强度和弹性模量的最终下降幅度分别为 41.28% 和 22.74%，而泊松比上升了 57.14%。图 2-7~图 2-9 分别为抗压强度、弹性模量及泊松比与含水率的变化曲线图，总体上看，随着岩石浸水时间的增加，水对岩石的软化作用显著增强，岩石的抗压强度和弹性模量均呈现出单调减小的趋势，但泊松比却表现出了一定的先增大后减小的规律。

表 2-3　白云岩单轴压缩变形试验结果

岩样编号	浸水时间/h	含水率/%	抗压强度/MPa	平均抗压强度/MPa	弹性模量/GPa	平均弹性模量/GPa	泊松比	平均泊松比
DZ-60	0（干燥状态）	0.000	147.60	120.19	29.35	25.37	0.17	0.14
DZ-61			125.98		34.89		0.14	
DZ-62			87.00		11.87		0.11	
DZ-56	4	0.140	90.11	102.26	21.90	22.31	0.14	0.15
DZ-57			105.01		21.82		0.17	
DZ-58			111.67		23.20		0.13	
DZ-64	24	0.262	92.78	99.61	20.22	23.24	0.18	0.17
DZ-65			108.00		30.50		0.11	
DZ-67			98.04		19.00		0.22	
DZ-51	60	0.336	88.33	92.37	26.47	22.00	0.23	0.26
DZ-59			94.83		23.72		0.34	
DZ-63			93.94		15.80		0.21	
DZ-70	200	0.417	67.13	77.50	14.97	19.48	0.40	0.24
DZ-71			80.44		19.16		0.15	
DZ-72			84.93		24.32		0.17	
DZ-73	518	0.445	79.79	70.57	17.51	19.60	0.18	0.22
DZ-74			54.91		21.69		0.29	
DZ-75			77.02		19.60		0.20	

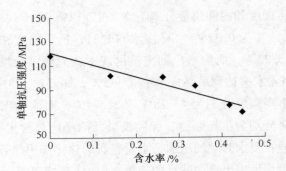

图 2 - 7　抗压强度与含水率关系曲线

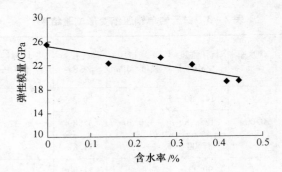

图 2 - 8　弹性模量与含水率关系曲线

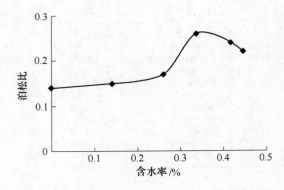

图 2 - 9　泊松比与含水率关系曲线

通过回归分析，可建立抗压强度 σ_c 和弹性模量 E_e 与含水率函数关系，其相关方程可表示为：

$$\sigma_c = -101.3\omega_a + 120.76, \qquad R^2 = 0.934 \qquad (2-2)$$

$$E_e = -11.958\omega_a + 25.189, \qquad R^2 = 0.834 \qquad (2-3)$$

2.4　不同含水率下白云岩直剪试验研究

本次直剪试验以岩样吸水时间分别为 0h（干燥状态）、4h、8h、12h、24h、60h、180h、450h 共 8 种浸水时间节点进行分组试验，每组试验共 5 个岩样，由于本次试验不存在工程背景，因此，将每组试验中每个岩块法向荷载分别设定为10kN、20kN、30kN、40kN 和 50kN，法向和切向加载速率均为 2.4kN/s。图 2 - 10 为试验所用标准试样。

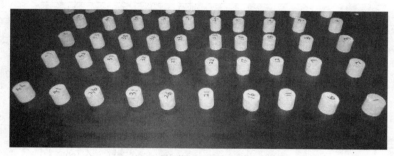

图 2 - 10　试验所用标准圆柱体试样

2.4.1　含水率测试

在直剪试验前，同样对岩样在不同浸水时间下的含水率进行测试，试验用试样尺寸及含水率测试数据见表 2 - 4，图 2 - 11 为试验用白云岩平均含水率与浸水时间关系曲线。

表 2 - 4　试验试样尺寸及含水率测试值

岩样编号	浸水时间 /h	直径 D /mm	长度 L /mm	剪切面积 S /mm²	含水率 ω_a /%	含水率平均值 /%
ZJ-46		51.18	51.30	2056.223		
ZJ-47		50.02	49.70	1964.070		
ZJ-48	0（干燥状态）	50.90	50.04	2033.786	—	—
ZJ-49		51.14	50.18	2053.010		
ZJ-50		51.24	51.02	2061.047		
ZJ-36		49.60	50.90	1931.226	0.095	
ZJ-37		49.54	51.00	1926.556	0.130	
ZJ-38	4	49.58	50.88	1929.668	0.178	0.143
ZJ-39		49.56	51.08	1928.112	0.106	
ZJ-40		49.24	51.14	1903.293	0.204	

续表 2 - 4

岩样编号	浸水时间 /h	直径 D /mm	长度 L /mm	剪切面积 S /mm²	含水率 ω_a /%	含水率平均值 /%
ZJ-41	8	48.96	51.24	1881.709	0.146	0.151
ZJ-42		49.76	51.00	1943.705	0.131	
ZJ-43		49.88	50.50	1953.091	0.102	
ZJ-44		49.54	50.84	1926.556	0.189	
ZJ-45		49.26	51.36	1904.840	0.187	
ZJ-26	12	48.94	50.40	1880.172	0.132	0.154
ZJ-27		49.62	50.58	1932.783	0.200	
ZJ-28		49.64	51.30	1934.342	0.133	
ZJ-29		49.78	50.24	1945.268	0.152	
ZJ-30		50.34	51.00	1989.281	0.152	
ZJ-11	24	49.42	50.76	1917.234	0.267	0.215
ZJ-12		49.98	50.50	1960.930	0.199	
ZJ-18		49.78	50.00	1945.268	0.278	
ZJ-19		49.24	51.00	1903.293	0.143	
ZJ-20		49.50	50.72	1923.446	0.189	
ZJ-13	60	49.42	50.48	1917.234	0.248	0.277
ZJ-14		49.10	51.18	1892.486	0.293	
ZJ-15		49.48	50.60	1921.892	0.282	
ZJ-16		50.78	50.40	2024.208	0.330	
ZJ-17		48.28	50.80	1829.802	0.233	
ZJ-6	180	49.60	51.20	1931.226	0.417	0.391
ZJ-7		49.08	51.10	1890.944	0.446	
ZJ-8		48.64	50.84	1857.192	0.388	
ZJ-9		49.42	50.46	1917.234	0.327	
ZJ-10		48.94	51.48	1880.172	0.377	
ZJ-31	450	49.28	51.16	1906.387	0.384	0.432
ZJ-32		48.94	50.50	1880.172	0.393	
ZJ-33		51.18	50.80	2056.223	0.460	
ZJ-34		48.36	49.72	1835.871	0.310	
ZJ-35		50.62	50.90	2011.472	0.614	

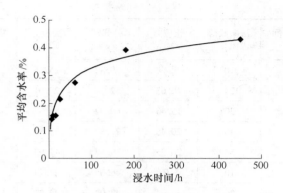

图 2 – 11　岩样平均含水率随浸水时间变化关系

由图 2 – 11 可见，白云岩试样平均含水率在浸水 200h 之内变化非常明显，200h 之后增加幅度逐渐趋缓，测试结果基本上与 2.3.1 节中岩样含水率变化趋势吻合。白云岩直剪岩样平均含水率 ω_a 与浸水时间的关系可以用如下对数函数拟合：

$$\omega_a = 0.0683\ln t + 0.0126, \qquad R^2 = 0.964 \qquad (2 - 4)$$

2.4.2　试验结果及分析

表 2 – 5 为不同浸水时间白云岩直剪试验结果，图 2 – 12 为部分试样剪切破坏后的照片，图 2 – 13 为白云岩直剪强度曲线。

表 2 – 5　白云岩剪切试验结果

岩样编号	浸水时间 /h	法向载荷 /kN	正应力 /MPa	切向载荷 /kN	剪应力 /MPa	内摩擦角 /(°)	黏聚力 /MPa
ZJ-50		10	4.85	62.35	30.25		
ZJ-49		20	9.74	60.15	29.30		
ZJ-48	0（干燥状态）	30	14.75	68.74	33.80	40.44	23.63
ZJ-47		40	20.37	87.03	44.31		
ZJ-46		50	24.32	89.65	43.60		
ZJ-36		10	5.18	55.06	28.51		
ZJ-37		20	10.38	53.83	27.94		
ZJ-38	4	30	15.55	68.60	35.55	39.37	22.80
ZJ-39		40	20.75	84.78	43.97		
ZJ-40		50	26.27	80.19	42.13		

续表 2-5

岩样编号	浸水时间 /h	法向载荷 /kN	正应力 /MPa	切向载荷 /kN	剪应力 /MPa	内摩擦角 /(°)	黏聚力 /MPa
ZJ-44		10	5.19	49.42	25.65		
ZJ-41		20	10.63	52.71	28.01		
ZJ-42	8	30	15.43	60.02	34.88	40.35	20.82
ZJ-43		40	20.48	77.87	39.87		
ZJ-45		50	26.25	79.87	41.93		
ZJ-30		10	5.03	46.03	23.14		
ZJ-26		20	10.64	49.02	26.07		
ZJ-27	12	30	15.52	66.18	34.24	35.66	20.13
ZJ-28		40	20.68	70.64	36.52		
ZJ-29		50	25.70	70.73	36.36		
ZJ-11		10	5.22	47.64	24.85		
ZJ-12		20	10.20	52.52	26.79		
ZJ-18	24	30	15.42	69.15	35.55	32.47	21.93
ZJ-19		40	21.02	64.74	34.01		
ZJ-20		50	26.00	73.01	37.96		
ZJ-13		10	5.22	40.65	21.20		
ZJ-14		20	10.57	51.21	27.06		
ZJ-15	60	30	15.61	52.28	27.20	34.38	18.37
ZJ-16		40	19.76	68.22	33.70		
ZJ-17		50	27.33	66.60	36.40		
ZJ-6		10	5.18	33.26	17.22		
ZJ-7		20	10.58	45.87	24.26		
ZJ-8	180	30	16.15	46.60	25.09	29.93	15.88
ZJ-9		40	20.86	53.34	27.82		
ZJ-10		50	26.59	57.76	30.72		
ZJ-31		10	5.25	28.54	14.97		
ZJ-32		20	10.64	41.89	22.28		
ZJ-33	450	30	14.59	45.71	22.23	26.57	14.36
ZJ-34		40	21.79	44.41	24.19		
ZJ-35		50	24.86	53.73	26.71		

图 2 - 12 部分白云岩剪切破坏后照片

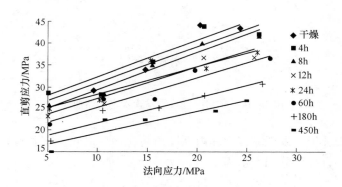

图 2 - 13 白云岩直剪强度曲线

从图 2 - 13 可以看出,岩石的抗剪强度与其法向应力的大小以及含水率的多少密切相关,它们之间分别呈正、负相关关系,即岩石的抗剪强度随法向应力的增加而增大,随含水率的增加而减小。另外,随着含水率的增加,强度曲线斜率也表现出一定的逐渐减小趋势,说明法向应力越大,含水率对白云岩抗剪强度的弱化作用越明显。

图 2 - 14 为岩石抗剪强度参数与含水率的关系曲线。可以看出,随着含水率的增加白云岩的黏聚力 c 和内摩擦角 φ 值都有不同程度的降低,当岩石吸水达到近饱和状态时,黏聚力和内摩擦角分别从干燥时的 23.63MPa 和 40.44° 减小到 14.36MPa 和 26.57°,下降幅度高达 34.29% 和 41.32%,显然,含水率变化对岩石内摩擦角的影响要比对黏聚力的影响略大,即 φ 值对水的反应要比 c 更敏感。

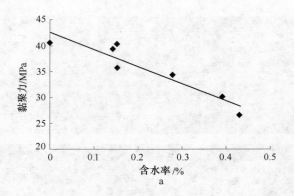

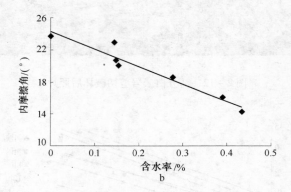

图 2 - 14 抗剪强度参数与含水率关系曲线

通过回归分析，发现黏聚力和内摩擦角与含水率之间均有着良好的线性函数关系，其相关方程可分别表示为：

$$\varphi = -21.778\omega_a + 24.243, \qquad R^2 = 0.943 \qquad (2-5)$$

$$c = -32.92\omega_a + 42.523, \qquad R^2 = 0.875 \qquad (2-6)$$

岩石剪切强度一般用 Coulomb 定律表述，即：

$$\tau = c + \sigma_n \tan\varphi \qquad (2-7)$$

将白云岩内摩擦角和黏聚力与含水率的拟合关系式（2-5）和式（2-6）代入式（2-7），可以得到考虑含水率条件下的岩石抗剪强度计算公式：

$$\tau = -32.92\omega_a + 42.523 + \sigma_n \tan(-21.778\omega_a + 24.243) \qquad (2-8)$$

再将式（2-4）代入式（2-8），可得考虑浸水时间的 Coulomb 方程：

$$\tau = -32.92(0.0683\ln t + 0.0126) + 42.523 +$$
$$\sigma_n \tan[-21.778(0.0683\ln t + 0.0126) + 24.243] \qquad (2-9)$$

2.4.3 直剪岩样吸水效应分析

直剪试验结束后，及时分开剪切破坏面，可见岩样破坏面上有明显的湿度范围，在此将该范围定义为直剪岩样破坏面明显湿度区域。图 2-15 为部分直剪岩样的破坏面照片，有明显湿度区域（图中粗虚线标示区域）。

图 2-15 部分直剪岩样破坏面照片

对岩样破坏面及明显湿度区域面积进行统计，计算出湿度区域面积占破坏面的比例，即明显湿度百分比（A）。

$$A = \frac{S_{湿}}{S_{破}} \times 100\% \qquad (2-10)$$

式中 $S_{破}$——直剪岩样破坏面面积，mm^2；

$S_{湿}$——直剪岩样破坏面明显湿度区域面积，mm^2。

岩样明显湿度计算数据见表2-6，根据数据可以得到如图2-16所示的岩样含水率与明显湿度百分比的关系曲线。可以看出，白云岩明显湿度百分比随着含水率的增加呈现上升的趋势；当含水率小于0.10%时，岩样明显湿度百分比变化并不是非常明显；当含水率增加到0.30%时，岩样明显湿度百分比出现了较大的上升趋势，当含水率为0.40%左右时，岩样明显湿度百分比已上升到了80%以上。显然，明显湿度百分比与含水率密切相关，通过回归分析，发现明显湿度百分比和含水率有着良好的函数关系，其方程可表示为：

$$A = 491.79\omega_a^2 + 21.643\omega_a + 0.067, \qquad R^2 = 0.986 \qquad (2-11)$$

表2-6　剪切试验白云岩明显湿度百分比

岩样编号	浸水时间 /h	含水率 /%	明显湿度区域面积 /mm²	剪切破坏面面积 /mm²	明显湿度百分比 /%
ZJ-49	0（干燥状态）	0	0	2826	0
ZJ-42	8	0.131	326.970	2550.465	12.82
ZJ-20	24	0.189	480.862	2374.625	20.25
ZJ-15	60	0.282	870.070	2122.640	40.99
ZJ-9	180	0.327	1760.053	2640.740	66.65
ZJ-32	450	0.393	2566.996	3115.665	82.39

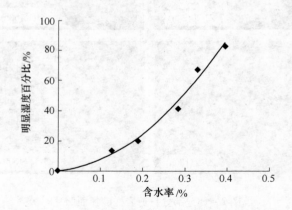

图2-16　岩样明显湿度百分比与含水率关系

将式（2-4）代入式（2-11），可得到岩样明显湿度百分比与浸水时间的关系式：

$$A = 491.79(0.0683\ln t + 0.0126)^2 + 21.643(0.0683\ln t + 0.0126) + 0.067 \qquad (2-12)$$

岩石材料均由孔隙和固体骨架构成，且固体骨架常由结晶特征、化学特征和力学特征各不相同的胶结物、矿物成分等颗粒组成，这些都会影响岩石内部微小节点的含水率，进而导致岩样明显湿度区域出现不规则性。岩石浸水过程都是由表层向深部扩散，当把岩石看成成分均匀分布的载体时，白云岩明显湿度区域浸水过程可简化为图 2 – 17 所描述的过程。

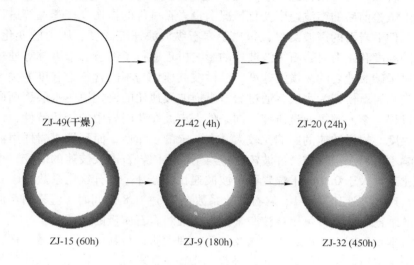

图 2 – 17　理想化岩样明显湿度区域

2.5　含水率对白云岩声波特性影响的试验研究

　　声波对于岩石来说是一种比较理想的信息载体，它不仅对岩石有一定的穿透力和分辨力，而且在传播过程中与介质相互作用影响，使得声波在接收时携带了与岩石物理力学性质相关的各种信息。在岩石中传播的弹性波的声时、波速、加速度、频谱、振幅等声学参数受岩石岩性、含水率、结构面、风化程度等因素的影响明显，因此，可以通过分析岩石中传播弹性波的声学参数的变化来掌握岩石的一些性质。

　　迄今为止，岩石声波测试技术已发展成为应用声学的独立分支，它包括声速测量、衰减测量和声发射测量三大类。由于应用越来越广泛，因此，一门新的学科——岩石声学已形成，它研究岩石及岩体中声波的产生、传播、接收及其他各种效应。

　　在岩石波速试验技术方面前人已取得了很多成果。早在 20 世纪 40 年代，就有人想利用岩样中声波脉冲的传播时间来测量岩样的波速，但受到当时电子技术的局限，未能取得成功。20 世纪 60 年代，Birch 在实验室中利用超声波在岩石中传播的方法，首次测得了岩样的 P 波速度，随后，岩石 S 波速度的测量也取得了成功；李庆忠研究了砂岩的声波速度规律，并得到了饱水砂岩及含气砂岩的纵波、横波速度传播的总规律。方华等对岩石中由于层理、裂隙或裂缝引起的弹性波波速变化特征进行了试验研究，并运用简化人工裂隙模型研究裂隙密度与相对位置的变化对波速的影响。卢琳等总结了温度压力条件对岩石地震波波速的影响规律，并阐述了孔隙流体压力估算方法。代仁平等对有保护层和无保护层的砂岩、花岗岩和大理岩试件进行了冲击试验，并进行了冲击前后试样的声波测试，利用冲击试验前后的声波速度变化情况衡量岩石试件的损伤度。李杰等进行了储层温压条件下岩石的声波测量，得出了岩石纵波波速随温度、压力的变化关系，并对不同温度和压力对岩石纵波波速的影响机理进行了剖析。朱洪林等通过试验方法探讨了碳酸盐岩的纵横波速度、纵横波波速比与不同含气饱和度的关系，并将完全饱和岩石模拟为水层，通过岩石纵横波波速比的变化说明水层逐渐向气层过渡的过程。李元辉等通过研究不同条件下声波在花岗岩中的传播特性，认为含水率和温度对岩样波速的影响比较大并有一定的规律性，而裂纹对岩样声波传播速度影响不明显。王煜霞、许波涛通过对不同成因岩石声波波速的研究，得出了岩石软化系数大于 0.9 时干湿岩石声波波速比小于 1，岩石软化系数小于 0.5 时干湿岩石声波波速比大于 1，岩石软化系数在 0.6～0.8 之间时干湿岩石声波波速接近 1 的结论。所以，可用声波测量的方法推断岩石质量的好坏。

岩石本身具有力、电、声、磁及热等物理性质，与其他工程领域一样，声波已经渗透到岩石工程的许多方面。岩石声波波速是岩石本身各种物理性质的综合反映，影响声波在岩石中传播速度的因素有很多，其内部因素主要包括岩石的孔隙率、密度及弹性模量等，其外部因素主要包括岩石的含水率、节理裂隙发育程度、温度条件及岩样的尺寸等。掌握岩石声波传播规律对研究岩石的力学特性有很大的帮助。本节通过测试不同浸水时间下白云岩声波波速的变化情况，探讨岩石声波波速与浸水时间、含水率、力学强度和参数等的变化关系。

2.5.1　试验设备

声波测试仪采用中国科学院武汉岩土力学研究所生产的 RSM-SY5 智能型分机体声波仪，其工作状态见图 2－18。

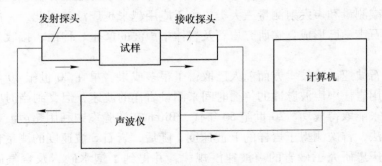

图 2－18　声波仪工作状态

声波仪的基本原理是向待测介质发射声波脉冲，脉冲穿过介质，然后接收通过介质的脉冲信号，计算机显示并记录穿过介质所需的时间、波形及波幅等，根据测得的声脉冲穿过介质的时间和距离，通过测试分析程序计算声波在介质中的传播速度及声波传播的波形图等。根据显示的波形图，经过适当的处理可对测试信号进行分析研究。

声波一般分为两种，通常把声波的传播方向与介质质点振动方向一致的波叫做纵波（P波），把声波传播方向与介质质点振动方向垂直的波叫做横波（S波），见图 2-19。本次试验研究纵波在不同浸水时间白云岩样中的传播规律。

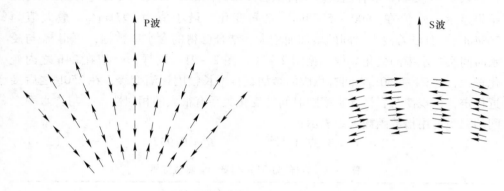

图 2-19　声波纵波、横波质点传播状态

本次试验使用的 RSM-SY5 智能型分机体声波仪系统的仪器设备组成包括：RSM-SY5 智能型分机体声波仪、计算机、纵波发射换能器和纵波接收换能器，它的适用对象是非金属材料。系统采用超声波脉冲透射测量材料的声学参数，待测材料被夹在发射探头和接收探头之间，电脉冲信号由发射器周期性发出，并由发射换能器转换成超声脉冲，脉冲穿过介质材料，被接收换能器接收转换成电信号，输出数字储存示波器计算机操作记录采集信号。利用脉冲循环测定声波波速及声波首波振幅变化时，以测量某一固定距离 L 的声波传播所需时间 T 为基础，在考虑电子线路本身延迟的时间 T_0 的前提下，根据试样长度计算超声波在试样中的传播速度，即：

$$V = \frac{L}{T - T_0} \times 10^6 \qquad (2-13)$$

式中　V——声波波速，m/s；

　　　L——试样的纵向尺寸，m；

　　　T——超声波穿过电子线路及试样的总延迟时间，s；

　　　T_0——电子线路本身的延迟时间，s。

在声波分析软件中输入 L 和所测得的 T_0 可直接测得 V 及 $T'(T-T_0)$。

2.5.2　试验结果及分析

采用两种标准圆柱体试样（$\phi 50\text{mm} \times 50\text{mm}$、$\phi 100\text{mm} \times 50\text{mm}$）进行试验，即分别对 2.2 节、2.3 节和 2.4 节所用岩样进行不同浸水时间的声波波速（v_P）测试，通过测试结果分析波速（v_P）与浸水时间、含水率、力学强度及参数的变化规律。

2.5.2.1　连续浸水时白云岩样的声波变化规律

表 2 - 7 为 2.2 节各白云岩试件随着浸水时间的增加其声波波速的测试数据。结果显示，v_P 值在 $2900 \sim 5700\text{m/s}$ 之间变化，最小值为 2971m/s，最大值为 5684m/s，且随着浸水时间的增加而增大。结合已得的含水率数据，可得 v_P 与浸水时间及含水率的变化规律，见图 2 - 20、图 2 - 21。同样，v_P 值在 24h 之内变化较大，在 $24 \sim 250\text{h}$ 之间有相应的增加，且增长幅度逐渐变缓，在 250h 之后接近稳定，该规律与岩样含水率随时间的变化关系有很大的相似性。v_P 与含水率之间的关系可用指数函数关系表示：

$$v_P = 3237.1\text{e}^{1.081\omega_a}, \qquad R^2 = 0.957 \qquad (2 - 14)$$

表 2 - 7　岩样 ZJ-31 ~ ZJ-35 v_P 测试数据

吸水时间 /h	$v_P/\text{m} \cdot \text{s}^{-1}$					
	ZJ-31	ZJ-32	ZJ-33	ZJ-34	ZJ-35	平均值
0（干燥状态）	3198	2971	3175	3825	3393	3312
6	3654	3156	3629	4143	3915	3700
12	3935	3607	4233	4520	4242	4108
24	3935	3885	4233	4520	4627	4240
36	4263	4208	4233	4972	4627	4461
46	4263	4208	4233	4520	4242	4293
60	4651	4208	4618	4972	4627	4615
71	4263	4208	4233	4520	4242	4293
83	4651	4208	4618	4972	4627	4615
97	4651	4591	4618	4520	4627	4601
109	4651	4591	4618	4972	4627	4692
120	5116	5050	4618	4972	4242	4800
132	5116	4591	5080	4520	4242	4710
144	4651	4591	5080	4972	4627	4784
156	5116	4591	5080	4972	4242	4800
167	4651	4591	5080	4972	4627	4784

续表 2 - 7

吸水时间 /h	$v_P/\text{m} \cdot \text{s}^{-1}$					
	ZJ-31	ZJ-32	ZJ-33	ZJ-34	ZJ-35	平均值
196	5116	5050	4618	4972	5090	4969
212	4651	5050	5080	5524	5090	5079
224	5116	4591	5080	4972	5090	4970
236	5116	5050	5080	4972	5090	5062
262	5116	5050	5080	5524	5090	5172
284	5116	5611	5080	4972	5090	5174
310	5684	5050	5080	4972	5090	5175
332	5116	5611	5080	4972	5090	5174
376	5684	5050	5080	5524	5090	5286
450	5684	5611	5080	4972	5090	5288

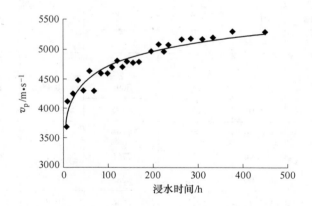

图 2 - 20　岩样 ZJ-31 ~ ZJ-35 v_P 平均值随浸水时间的变化曲线

　　v_P 值随着含水率的增加而增大，其主要原因在于岩石中的水起到了填充孔隙和裂隙的作用，随着浸水时间的增加，岩石中孔隙、裂隙的含水量也在不断增加，孔隙和裂隙中的水在声波的传播过程中起到了介质作用，从而提高了 v_P。

2.5.2.2　直剪、单轴岩样声波测试结果及分析

　　为了进一步探讨不同含水率下岩石声波波速与力学参数之间的变化规律，在进行单轴与直剪力学试验前对试验用白云岩试件进行了声波波速的测试，表 2 - 8 和表 2 - 9 分别为单轴试验试件与直剪试验试件声波波速 v_P 的测试结果。

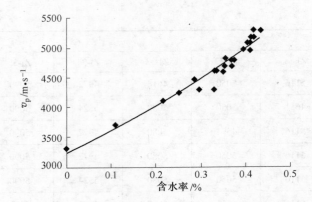

图 2−21　岩样 ZJ-31 ～ ZJ-35 v_P 平均值与含水率变化曲线

表 2−8　单轴岩样 v_P 测试数据

岩样编号	浸水时间 /h	高度 /mm	v_P（干燥状态） /m·s⁻¹	v_P（浸水状态） /m·s⁻¹	v_P 增长率 /%	v_P 增加平均值 /%	含水率平均值 /%
DZ-60	0（干燥状态）	101.46	5073	—	—	0.00	0.000
DZ-61		101.60	5080	—	—		
DZ-62		100.28	5278				
DZ-56	4	101.70	5353	6357	18.75	19.58	0.140
DZ-57		100.48	5582	6698	20.00		
DZ-58		101.06	5614	6737	20.00		
DZ-64	24	100.66	5592	7190	28.57	26.03	0.262
DZ-65		100.96	5939	7766	30.77		
DZ-67		100.60	5295	6288	18.75		
DZ-51	60	99.26	5839	7636	30.77	31.68	0.336
DZ-59		101.94	5663	7281	28.57		
DZ-63		101.58	5346	7255	35.71		
DZ-70	200	101.32	5629	9211	63.64	53.48	0.417
DZ-71		100.06	5559	7697	38.46		
DZ-72		100.80	5305	8400	58.33		
DZ-73	518	101.58	5643	8465	50.00	67.58	0.445
DZ-74		100.88	5604	10087	80.00		
DZ-75		100.86	5308	9168	72.73		

表 2-9 直剪岩样 v_P 测试数据

岩样编号	浸水时间 /h	高度 /mm	v_P（干燥状态） /m·s^{-1}	v_P（浸水状态） /m·s^{-1}	v_P 增长率 /%	v_P 增加平均值 /%	含水率平均值 /%
ZJ-50		51.02	3401	—	—		
ZJ-49		50.18	2952	—	—		
ZJ-48	0（干燥状态）	50.04	2780	—	—	0.00	0.000
ZJ-47		49.70	3550	—	—		
ZJ-46		51.30	3018	—	—		
ZJ-36		50.90	3181	3636	14.29		
ZJ-37		51.00	3400	4250	25.00		
ZJ-38	4	50.58	3372	3891	15.38	15.55	0.143
ZJ-39		51.08	3649	3929	7.69		
ZJ-40		51.14	3409	3934	15.38		
ZJ-41		51.24	3660	4270	16.67		
ZJ-42		51.00	3188	4250	33.33		
ZJ-43	8	50.50	2971	3885	30.77	23.77	0.151
ZJ-44		50.84	2991	3631	21.43		
ZJ-45		51.36	3669	4280	16.67		
ZJ-26		50.40	3360	4200	25.00		
ZJ-27		50.58	3161	4215	33.33		
ZJ-28	12	51.30	3420	4664	36.36	28.17	0.154
ZJ-29		50.24	3349	3865	15.38		
ZJ-30		51.00	3000	3923	30.77		
ZJ-11		50.76	2986	3384	13.33		
ZJ-12		50.50	2806	3607	28.57		
ZJ-18	24	50.00	2778	3846	38.46	27.03	0.215
ZJ-19		51.00	3000	3643	21.43		
ZJ-20		50.72	2536	3381	33.33		
ZJ-13		50.48	3155	4207	33.33		
ZJ-14		51.18	3656	4265	16.67		
ZJ-15	60	50.60	3373	5060	50.00	31.00	0.277
ZJ-16		50.40	3360	4200	25.00		
ZJ-17		50.80	3908	5080	30.00		

岩样编号	浸水时间/h	高度/mm	v_P（干燥状态）/m·s⁻¹	v_P（浸水状态）/m·s⁻¹	v_P增长率/%	v_P增加平均值/%	含水率平均值/%
ZJ-6		51.20	3657	4655	27.27		
ZJ-7		51.10	3194	5110	60.00		
ZJ-8	180	50.84	3389	5649	66.67	51.56	0.391
ZJ-9		50.46	2803	4205	50.00		
ZJ-10		51.48	2574	3960	53.85		
ZJ-31		51.16	3009	5684	88.89		
ZJ-32		50.50	2971	5611	88.89		
ZJ-33	450	50.80	3175	5080	60.00	63.56	0.432
ZJ-34		49.72	3825	4972	30.00		
ZJ-35		50.90	3393	5090	50.00		

　　从测试结果可以看出，单轴岩样的 v_P 值变化范围为 5000~10000m/s，直剪岩样的变化范围为 2500~6000m/s，说明，随着岩样尺寸的增加，声波波速明显增大；另外，就干燥与浸水后相比，浸水时间越长或含水率越大，岩样的声波 v_P 越大。与单轴岩样在浸水 4h 后 19.58% 的增长率相比，当岩样浸水 518h 后，岩样声波波速的增加幅度高达 67.58%，即岩石声波波速会随着浸水时间和含水率的增加而显著增大，直剪岩样声波波速的变化规律与单轴基本一致（图 2 - 22、图 2 - 23）。这是由于干燥岩样在短时间浸水过程中，水快速填充了岩石内部的孔隙和裂隙，给岩石纵波传播提供了良好的介质传播条件，且随着浸水时间的增加，岩石中未被水占据的孔隙、裂隙逐渐减少，进而导致声波波速越来越大。

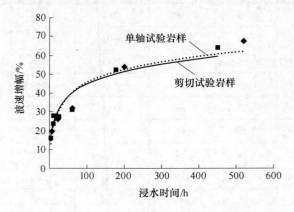

图 2 - 22　白云岩样波速增幅随浸水时间变化曲线

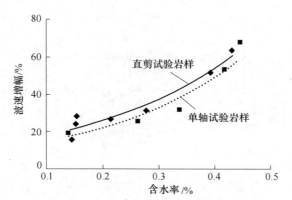

图 2 – 23 白云岩样波速增幅与含水率变化曲线

同样地，随着浸水时间的增加，岩样声波波速的提高，白云岩试件的单轴抗压强度、弹性模量、黏聚力、内摩擦角等参数均出现了线性减小，其相关曲线见图 2 – 24 ~ 图 2 – 27。根据常规理解，波速越大证明岩石的完整性越好，即岩石的

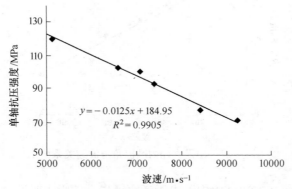

图 2 – 24 单轴抗压强度与波速关系曲线

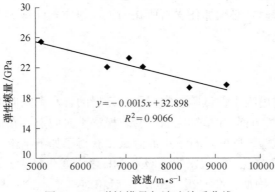

图 2 – 25 弹性模量与波速关系曲线

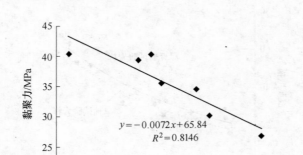

图 2 - 26　白云岩样黏聚力与波速关系曲线

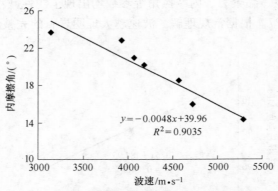

图 2 - 27　白云岩样内摩擦角与波速关系曲线

力学性质越好，但在本次试验中，由于考察了岩石随吸水时间这一动态效应的影响，导致波速虽然逐步增大，但力学性质却逐渐降低。因此，在考察波速对岩石力学性质影响规律时，必须抓住岩石所在的工程地质条件这一关键点，否则会得出截然相反的结论。

2.6　本章小结

　　通过白云岩室内吸水性试验，掌握了白云岩的含水率随时间的变化规律，进而确定了声波测试、直剪和单轴压缩试验岩样浸水时间点。在此基础上，开展了单轴压缩与直剪试验，同时进行了声波测试，获得了如下结论：

　　（1）初始干燥白云岩的含水率在吸水 24h 之内变化较大，24～60h 之间增加较快，60～200h 后增加逐渐变缓，200h 之后相对接近稳定；根据吸水性试验结果，确定了单轴压缩试验岩样的浸水时间点取 4h、24h、60h、200h 和 518h，直剪试验的岩样的浸水时间点取 4h、8h、12h、24h、60h、180h 和 450h。

（2）随着浸水时间的增加，白云岩单轴抗压强度和弹性模量呈现逐渐下降的趋势，泊松比则先增大后减小。

（3）白云岩直剪强度随法向应力的增加而增大、随浸水时间的增加而减小；岩样直剪强度参数 c、φ 随着含水率的增加而减小，且 φ 值对水的反应比 c 值敏感。以浸水时间的变化来表征白云岩直剪强度，给出了考虑浸水时间的白云岩强度方程。

（4）白云岩明显湿度百分比随着含水率的增加而上升，通过回归分析建立了明显湿度百分比与含水率及浸水时间的关系方程，并用图描述了白云岩明显湿度区域的浸水过程。

（5）与干燥状态相比，浸水后岩样声波 v_p 都有所增加，且随着浸水时间与含水率的增加而变大，其主要原因在于岩石中的水填充了孔隙和隐微裂隙，在声波的传播过程中起到了介质作用，从而提高了波速。

（6）不同浸水时间下的波速增幅随浸水时间及含水率的变化呈正增长趋势。随着波速的变大，白云岩样的单轴抗压强度、弹性模量、黏聚力、内摩擦角均逐渐减小，这一点与常规条件下岩石波速越大岩性完整性或力学性质越好的观点相矛盾，因此，在采用声波法对岩石力学性质进行分析时，需重点关注各岩石所处条件的一致性。

参考文献

[1] 陈颙. 岩石物理学 [M]. 北京：北京大学出版社，2001：45.

[2] 李庆忠. 岩石的纵、横波速度规律 [J]. 石油地球物理勘探，1992，27（1）：6～10.

[3] 方华，伍向阳，杨伟. 岩石中裂纹对弹性波速度的影响 [J]. 地球物理学进展，1998，13（4）：79～82.

[4] 卢琳，闫桂京，陈建文. 地层温度和压力对地震波速的影响 [J]. 海洋地质动态，2005，21（9）：13～16.

[5] 代仁平，郭学彬，张志呈. 有保护层的岩石冲击损伤实验研究 [J]. 西南科技大学学报，2007，22（4）：44～48.

[6] 李杰，李书光. 储层温压条件下岩石的波速特性及变化规律 [J]. 工程地球物理学报，2009，6（6）：765～768.

[7] 朱洪林，刘向君，刘洪. 含气饱和度对碳酸盐岩声波速度影响的试验研究 [J]. 岩石力学与工程学报，2011，30（增1）：2785～2789.

[8] 宋守志. 固体介质中的应力波 [M]. 北京：煤炭工业出版社，1989.

[9] Darot M, Reuschle T. Acoustic wave velocity and permeability evolution during pressure cycles on a thermally cracked granite [J]. International Journal of Rock Mechanics and Mining Sciences, 2000, 37 (7): 1019～1026.

[10] Hovem J M. Acoustic waves in finely layered media [J]. International Journal of Rock Mechan-

ics and Mining Sciences & Geomechanics Abstracts, 1996, 33 (5): 210~212.

[11] Geerits T W, Kelder O. Acoustic wave propagation through porous media: theory and experiments [J]. Oceanogr aphic Literature Review, 1998, 45 (3): 476~479.

[12] 周克群, 楚泽涵, 张元中, 等. 岩石热开裂与检测方法研究 [J]. 岩石力学与工程学报, 2000, 19 (4): 412~416.

[13] 陈勉, 金衍, 张广清. 石油工程岩石力学 [M]. 北京: 石油大学出版社, 2008.

[14] 刘佑荣, 唐辉明. 岩体力学 [M]. 武汉: 中国地质大学出版社, 1999.

[15] 李元辉, 赵兴东, 赵有国, 等. 不同条件下花岗岩中声波传播速度的规律 [J]. 东北大学学报 (自然科学版), 2006, 27 (9): 1030~1033.

[16] 王煜霞, 许波涛. 水对不同岩石声波速度影响的研究 [J]. 岩土工程技术学报, 2006, 20 (3): 144~146.

[17] 李庆扬, 王能超, 易大义. 数值分析 [M]. 北京: 清华大学出版社, 2005.

3 低次干湿循环作用下岩石力学特性研究

如前所述，水主要是通过物理、化学和力学作用影响岩石物理力学特性。在这三种作用方式中，自然界最为普遍且广泛的便是物理作用方式，如岩石吸水后的泥化、软化等，而这也正是目前水－岩相互作用研究最多、成果最为丰富的一个方面。由于岩石吸水具有时间效应，所以岩石吸水时间的长短直接影响含水率的大小，进而使岩石的变形与强度特性产生不一样的劣化效果。

但在变化纷繁的自然界中，岩石和水的相互作用并不仅仅体现在单纯的浸泡吸水方面，很多岩石工程还必须"应付"更为复杂多变的自然环境，如频繁的降雨与蒸发过程、地下水位的升降、库水面的涨落等，该过程所带来的后果便是岩石反复地吸水失水，进而使岩石处于经常性的干湿循环交替作用之下，而这种干湿循环作用对岩石（体）来说是一种"软化疲劳作用"，它对岩石（体）的弱化作用往往比长时间浸水还要强，这对岩体工程的长期稳定性很不利。目前，对于岩石这一多孔介质而言，水对其物理力学特性的影响规律研究较丰富，而就反复干湿循环这一复杂物理作用过程对岩石物理力学性质影响等方面的研究成果仍然较少。因此，有必要进一步深入研究反复干湿循环作用对岩石力学特性的影响规律，以期为岩体工程稳定性的准确分析与评价提供一定的理论参考。

3.1 试验对象

本次试验所选用岩样为砂岩，为了降低因岩石试件个体差异所造成的实验结果离散并提高试验的可对比性，用于制备试样的岩块均取自同一岩层相同部位的大块完整岩体。对选取的岩石进行粉晶 X 衍射定性分析测试，结果为石英 80%、长石 9%、绿泥石 4%、原辉石 3%、多硅锂云母 3% 及其他微量杂质。根据试验研究目的并参考《工程岩体试验方法标准》中的相关要求，将所取岩样分别加工成直径×高为 50mm×100mm 和 50mm×50mm 的标准圆柱体试件，图 3－1 为加工完成的部分试验用试件。

3.2 试验方案

为了研究在自然条件下反复干湿交替作用对岩石物理力学特性的影响规律，考虑到试验的可操作性并参考前人的干湿循环试验方法，将"烘箱中以 105℃温

图 3 − 1 部分加工完成的岩石试件

度烘 11h 30min—干燥器中冷却 30 min—常温下浸泡 47h 30min—自然晾干 30min"定义为 1 次干湿循环，即 1 个循环需 60h。设定本次试验总的干湿循环操作次数为 15 次，其中以 0 次（代表自然状态）、1 次、3 次、6 次、10 次、15 次作为关键试验点开展后续的单轴压缩与直剪力学试验。

单轴压缩试验：对 6 组关键试验点的岩样开展不同干湿循环次数作用下的单轴压缩试验，同时测试每组试件试验过程中的声发射情况，试验仪器为 TAW2000D 型微机控制伺服岩石三轴试验机，加载过程中采用变形控制方式加载，加载速率为 0.01mm/min。声发射采集设备为北京声华科技有限公司研制和生产的 SDAES 型数字声发射仪。

直剪试验：对 6 组关键试验点的岩样开展不同干湿循环次数作用下的直剪试验，试验仪器为 YZW50 型微机控制电动应力式直剪仪。为了防止试验过程中由于法向力过大对岩样造成损伤，本次试验对不同干湿循环次数时的法向荷载进行了两种设计：干湿循环 0 次（自然状态）、1 次、3 次时每组岩样 5 块试件的法向荷载设定为 10kN、20kN、30kN、40kN、50kN；干湿循环 6 次、10 次、15 次时每组岩样 5 块试件的法向荷载设定为 5kN、10kN、15kN、20kN、25kN。试验过程中的法向和切向加载速率均为 2.4kN/s。

3.3 干湿循环作用对岩石吸水性的影响

由于水对岩石或岩体工程的影响具有普遍性，前人针对水对岩石物理力学性质的影响机理进行了大量研究，普遍认为水与岩石之间的联结作用、润滑作用、水楔作用、孔隙水压力作用及溶蚀潜蚀作用是导致岩石力学性质下降的主要原因。但是，这些作用更多的是体现在水岩之间更深层次的物理、化学和力学作用上，并不容易获得并掌握。因而，本节通过更为直接的吸水率测试反映干湿循环这一风化过程对岩石物理力学性质的影响及其损伤程度的大小。

3.3.1 岩石吸水性试验设计及步骤

本次砂岩的吸水性试验结合干湿循环试验用岩样进行，因此，仅需在每次烘干和浸泡水完成后对选定试件的质量进行测定即可，即试样在烘箱中以 105℃ 温度烘 11h 30min，再在干燥器中冷却 30min 后测定干质量 m_s，然后在常温下浸泡 47h 30min 后测定其吸水后质量 m_0，之后根据式（3-1）计算岩石每次干湿循环后的吸水率 ω_a：

$$\omega_a = \frac{m_0 - m_s}{m_s} \times 100\% \qquad (3-1)$$

式中 ω_a——岩石吸水率,%；

　　　m_0——干湿循环后试件质量,g；

　　　m_s——试件烘干质量,g。

3.3.2 干湿循环对砂岩吸水率的影响

按照试验设计方案，对每次干湿循环后的岩样质量进行测试与吸水率计算，计算结果见表 3-1。

表 3-1　砂岩吸水率测试结果　　　　　　（%）

干湿循环次数 n	0	1	2	3	4	5	6	7	8	9	11	13	15
SYZ-6-1	1.074	3.875	4.294	4.435	4.510	4.596	4.616	4.608	4.626	4.715	4.759	4.767	4.763
SYZ-6-2	1.108	4.052	4.502	4.678	4.732	4.798	4.818	4.836	4.921	5.009	5.052	5.052	5.052
SYZ-6-3	0.820	2.849	3.456	3.584	3.615	3.687	3.682	3.683	3.769	3.801	3.887	3.887	3.887
SYZ-6-4	0.906	4.958	5.115	5.224	5.308	5.348	5.335	5.353	5.398	5.400	5.582	5.582	5.582
SYZ-6-5	0.664	3.125	3.366	3.447	3.473	3.548	3.553	3.575	3.626	3.608	3.650	3.650	3.650
吸水率平均值	0.914	3.772	4.146	4.274	4.328	4.396	4.401	4.411	4.468	4.506	4.586	4.588	4.587

根据表 3-1 可绘制如图 3-2 所示的平均吸水率随干湿循环次数的变化关系图，从图 3-2 中可观察到干湿循环作用对砂岩吸水率的影响规律：

（1）砂岩吸水率随着干湿循环次数的增加而增加，并且表现出前期增加幅度较大，后期增加幅度逐渐变缓直至保持某一稳定吸水率的趋势；

（2）随着干湿循环次数的增加，岩样最终吸水率比第一次干湿循环后的吸水率增加了 21.6%，这表明砂岩吸水率的大小受反复干湿循环作用的影响明显。

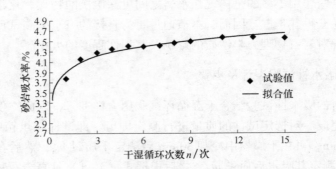

图 3 - 2　砂岩吸水率随干湿循环次数的变化曲线

对图 3 - 2 的关系曲线进行拟合，发现二者之间有着如式（3 - 2）所示的对数函数关系，这与傅晏对重庆砂岩吸水率随干湿循环次数的拟合公式相似。

$$\omega_a = 0.280\ln n + 3.894\,(n \geqslant 1),\qquad R^2 = 0.942 \qquad (3-2)$$

3.3.3　干湿循环对岩石质量损失的影响

本次试验所用砂岩主要由石英、长石与岩屑胶结组成。就其物理化学性质的稳定性来看，占主要成分的石英的稳定性最好，通常在水环境下不与水溶液发生化学反应；各种岩屑（除硅质外）的物理化学性质最不稳定，在"动水"环境下很容易被冲刷运移并发生蚀变；而长石类矿物的水物理化学稳定性也较差，比较容易发生溶解或溶蚀等反应。因此，在微观、细观层面上，岩石经过反复的"风干 - 饱水"交替作用后，在其体内形成的"动水"环境中砂岩的损伤主要是由碎屑的运移和扩散，岩屑和长石的溶解、溶蚀等水物理化学作用所引起。这使得原有组成成分的空间结构发生改变，进而产生次生孔隙，这一现象在宏观上的主要表现之一为干湿循环作用后岩样干质量的损失。为了进行量化统计，将每次干湿循环作用后岩样干质量的累计损失量占第一次烘干后岩石质量的百分比定义为质量损失率 S：

$$S = \frac{m_{si} - m_{s1}}{m_{s1}} \times 100\% \qquad (3-3)$$

式中　　S——岩石质量损失率，%；

　　　　m_{si}——试件第 i 次干湿循环过程中的干质量，g；

　　　　m_{s1}——试件第 1 次干湿循环过程中的干质量，g。

表 3 - 2 为测试计算结果，由于岩样 SY-6-1 在干湿循环过程中有明显的大块落下，因此该岩样数据不在统计表之内。

表 3 - 2 砂岩质量损失率统计表

干湿循环次数 n/次	SYZ-6-2		SYZ-6-3		SYZ-6-4		SYZ-6-5		平均质量损失率/%
	干质量/g	累计质量损失率/%	干质量/g	累计质量损失率/%	干质量/g	累计质量损失率/%	干质量/g	累计质量损失率/%	
1	235.365	0.000	231.012	0.000	220.354	0.000	235.437	0.000	0.000
3	234.414	0.404	230.667	0.149	220.161	0.088	235.288	0.063	0.176
6	234.271	0.465	230.545	0.202	220.048	0.139	235.139	0.127	0.233
9	233.720	0.699	230.469	0.235	220.024	0.150	235.079	0.152	0.309
13	233.720	0.699	230.469	0.235	220.024	0.150	234.079	0.577	0.415
15	233.720	0.699	230.469	0.235	220.024	0.150	234.079	0.577	0.415

　　根据表 3 - 2 中的数据绘制砂岩试件随干湿循次数与岩样平均质量损失率的关系曲线见图 3 - 3。对其关系进行拟合，得到砂岩试件的平均质量损失率与干湿循环次数之间存在对数函数关系：

$$S = 0.1529\ln n - 0.0059, \qquad R^2 = 0.9779 \qquad (3-4)$$

式中　　n——岩石受干湿循环作用次数。

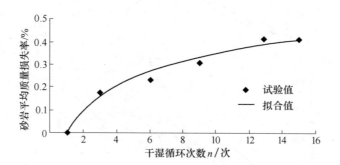

图 3 - 3 砂岩质量损失率随干湿循环次数的变化曲线

　　图 3 - 3 反映了砂岩岩样的质量损失随干湿循环作用的变化规律，即随着干湿循环次数的增加其累计损失质量逐渐增加。试件每经过一次干湿循环其干质量均有不同程度的减小，这必然使得试件体内的矿物组成和结构发生改变，加速裂隙的产生、扩展并产生次生空隙，降低岩石的强度指标，最终影响其力学性质，这在后面的力学性质试验中可以得到相应的证明。

3.4 干湿循环作用下砂岩的单轴压缩试验研究

　　本节通过单轴压缩试验研究砂岩在不同次数干湿循环作用下的应力 - 应变曲线特征，探讨岩石变形参数、破坏方式、破坏特征、声发射特性等的变化规律，分析砂岩抗压强度、弹性模量与干湿交替作用次数之间的变化关系，绘制岩石抗压强度、弹性模量与干湿循环次数之间的变化曲线图并建立其数学模型，揭示干湿交替条件下砂岩力学特性的变化规律。

3.4.1 干湿循环作用下岩石单轴压缩试验结果

岩石力学性能指岩石在不同环境（温度、湿度）下，承受各种外加载荷（拉伸、压缩、冲击等）时所表现出的力学特征，主要包括岩石的变形特性和强度特性，直到 1966 年成功获取第一条全应力 – 应变曲线，才使得这一研究课题达到顶峰水平。岩石的全应力 – 应变曲线能反映出岩石从加压到最终破坏整个试验过程中所表现出的变形特性和强度特性，以及达到岩石抗压强度峰值之后的力学特性，图 3 – 4 为本次试验得到的不同干湿循环作用次数下的砂岩全应力 – 应变曲线，表 3 – 3 为试验结果。

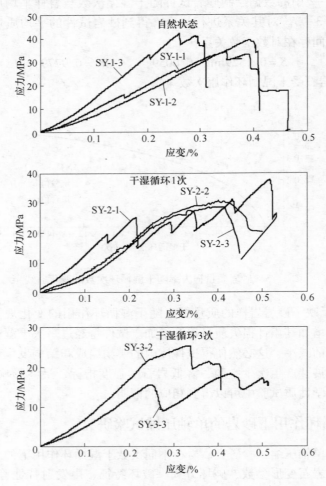

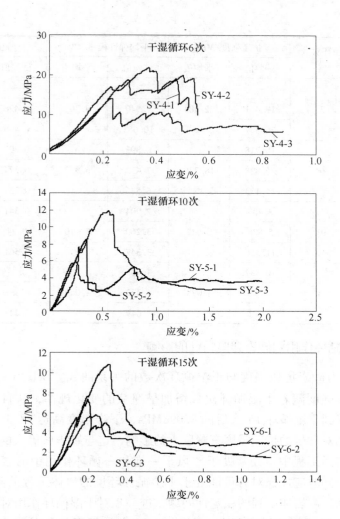

图 3 – 4 不同次数干湿循环作用下砂岩全应力 – 应变曲线

表 3 – 3 单轴压缩试验结果统计

试验编号	循环次数 n/次	抗压强度/MPa		平均弹性模量/GPa		峰值应变/%	
		试验值	平均值	试验值	平均值	试验值	平均值
SY-1-1		34.290		12.718		0.35	
SY-1-2	0	39.182	38.486	12.538	14.491	0.38	0.330
SY-1-3		41.987		18.218		0.26	
SY-2-1		37.606		14.096		0.47	
SY-2-2	1	28.323	31.263	11.234	11.805	0.38	0.407
SY-2-3		27.861		10.085		0.37	

续表 3 - 3

试验编号	循环次数 n/次	抗压强度/MPa		平均弹性模量/GPa		峰值应变/%	
		试验值	平均值	试验值	平均值	试验值	平均值
SY-3-1	3	—	22.904	—	9.302	—	0.416
SY-3-2		19.411		7.940		0.426	
SY-3-3		26.397		10.663		0.406	
SY-4-1	6	18.718	18.226	6.893	6.977	0.297	0.302
SY-4-2		21.828		7.452		0.374	
SY-4-3		14.133		6.586		0.235	
SY-5-1	10	8.483	8.622	2.904	3.170	0.341	0.381
SY-5-2		5.826		3.260		0.24	
SY-5-3		11.556		3.347		0.561	
SY-6-1	15	10.852	8.098	4.708	4.060	0.34	0.260
SY-6-2		7.320		4.422		0.198	
SY-6-3		6.121		3.049		0.243	

3.4.2　干湿循环作用对砂岩强度特性的影响

　　图 3 - 5 为砂岩抗压强度与干湿循环次数的关系曲线。从图 3 - 5 中可以看出，砂岩抗压强度随着干湿循环次数增加呈递减的变化规律，从自然状态时的 38.486MPa 降到干湿循环 15 次后的 8.098MPa，下降幅度高达 78.96%。这说明干湿循环作用对砂岩的抗压强度有着巨大的影响，这与姚华彦等人的研究结论一致。因此在实际工程中，经常处于"风干 – 饱和"循环作用中的岩体的稳定问题不可忽视，同时应加强对有可能处于干湿循环环境的岩体工程的防风化工作。为了能够准确预测岩体工程的稳定性问题，进一步对干湿循环作用对砂岩的"疲劳软化作用"影响规律进行量化，对表 3 - 3 中的数据进行统计分析并拟合，

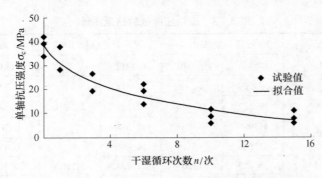

图 3 - 5　岩石抗压强度 σ_c 与干湿循环次数 n 的关系曲线

发现抗压强度与干湿循环次数之间有着很好的对数函数关系，其相关拟合方程如下：

$$\sigma_c = -11.49\ln(n+1) + 38.87 \tag{3-5}$$

其相关系数 $R^2 = 0.9843$。

3.4.3 干湿循环作用对砂岩变形特性的影响

3.4.3.1 干湿循环对砂岩应力-应变曲线的影响

岩石的变形特性是岩石的重要力学性质，可通过得到的全应力-应变曲线来研究岩石的变形特性。全应力-应变曲线能反映出岩石从加压到最终的破坏整个试验过程，从中可直接观察到岩石所表现的变形特性，图3-6是一般类岩石的典型全应力-应变曲线，它反映了岩石变形的一般规律，主要包括以下5个阶段：

（1）微裂隙压密阶段（*OI*），此阶段反映出岩石在加载初期内部已存在的裂隙及孔隙闭合或缩小，岩石体积缩小，形成早期的非线性变形阶段；

（2）弹性变形阶段（*IA*），该阶段曲线保持线性增长，服从胡克定律，该阶段受试验条件影响较小，较能准确反映岩石的弹性模量；

（3）塑性屈服阶段（*AB*），进入该阶段后，岩石内部裂隙开始发生和扩展，不断扩大积累至达到岩石的抗压强度后试件破坏。此阶段伴随着岩石塑性变形使得曲线向上凸起；

（4）应变软化阶段（*BC*），岩石在本阶段内，内部裂隙快速扩张，交叉且互相联合形成宏观断裂面，变形表现出沿宏观断裂面滑移，应变继续增加、应力急剧下降。该阶段反映了岩石的破坏性态，即岩石的破坏形态；

（5）塑性流动阶段（*CD*），岩石破坏后，强度并不一定降到零，很大部分在此阶段能保持一定的残余强度，即残余强度阶段，表现出岩石的流变性质。

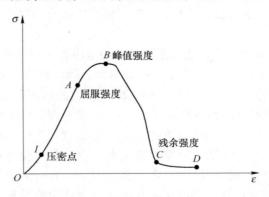

图3-6 岩石的典型全应力-应变曲线

　　然而实际工程中的岩石所表现出的应力 – 应变关系不尽相同，像图 3 – 6 中描述的各个阶段未必明显，有的甚至不存在。因此根据本次试验实际得出的不同次数干湿循环作用下砂岩的全应力 – 应变曲线（图 3 – 7），并结合以上对图中各个阶段的介绍，分析经历不同次数干湿循环作用后砂岩试件的应力 – 应变曲线特征如下：

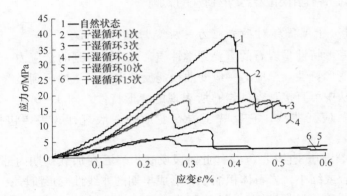

图 3 – 7　不同干湿循环次数作用下的岩石应力 – 应变曲线

　　（1）自然状态。当岩样处于自然状态时，砂岩的全应力 – 应变曲线表现出三阶段特征，即微裂隙压密阶段、弹性变形阶段、应变软化阶段。自然状态下岩样压密阶段表现不太明显便直接进入弹性变形阶段，说明在其内部存在的裂隙较少；随着压力的增加，岩样并未表现出塑性屈服阶段就突然发生破坏，即进入应变软化阶段，且应变软化阶段曲线较陡直，岩样表现出明显的脆性破坏。

　　（2）干湿循环 1~3 次。经过 1~3 次干湿循环作用后的砂岩，全应力 – 应变曲线呈现出四阶段特征，即微裂隙压密阶段、弹性变形阶段、塑性屈服阶段、应变软化阶段。在这个过程中，由于受干湿循环作用影响内部裂隙发育增多，岩样在微裂隙压密阶段表现得更加明显，同时岩样出现了自然状态没出现的塑性屈服阶段。

　　（3）干湿循环 6 次。岩样表现出五阶段的全应力 – 应变曲线。受干湿循环作用影响，岩样内部形成的"次孔隙"持续增加，因此在受压过程中内部裂隙增加扩展较快，比循环次数较少时的岩样表现出更长的压密阶段和塑性屈服阶段。岩样在破坏后的应变软化阶段的曲线斜率较小。受干湿循环影响个别岩样破坏后并没有马上发生断裂而是保持一定的强度，初步表现出塑性流动阶段。

　　（4）干湿循环 10~15 次。岩样的全应力 – 应变曲线表现出明显的五阶段特征。随着干湿循环次数的增多，"软化疲劳作用"对岩石的弱化，使得岩石整体变的"软、弱"，较之前相比最明显的变化是应变软化阶段和塑性流动阶段，应变软化阶段内曲线斜率明显减小，塑性流动阶段加长。

3.4.3.2 干湿循环作用对砂岩的平均弹性模量的影响

平均弹性模量是应力－应变曲线峰值前直线部分的斜率，具有很明确的力学含义，表示了应力－应变的变化量间的关系而且受试验因素的影响较小，因此研究岩石力学性质时较常采用平均弹性模量表示岩石的变形特性。根据表3－3绘制得到如图3－8所示的岩石平均弹性模量E_e与干湿循环次数n的关系曲线。可以看出干湿循环次数的增加对砂岩平均弹性模量有着明显的削弱，并且表现出前期降低幅度大，后期降低幅度逐步减小的特点。当循环次数达到15次时，平均弹性模量降低到最小值4.06GPa，比自然状态时的14.491GPa降幅高达71.98%。通过回归分析，可建立起平均弹性模量E_e与干湿循环次数n之间的对数函数关系，其相关方程可表示为：

$$E_e = -4.125\ln(n+1) + 14.62, \qquad R^2 = 0.9639 \qquad (3-6)$$

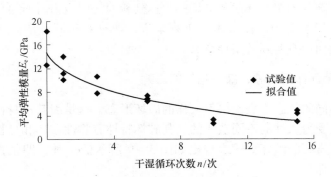

图3－8　岩石平均弹性模量E_e与干湿循环次数n的关系曲线

3.4.3.3 不同干湿循环次数作用下砂岩纵向变形特性研究

在实际的岩石（体）工程中，往往用峰值应变值作为岩石（体）破坏的前兆信息。因此很多学者做了岩石峰值应变方面的研究工作以指导实际岩石（体）工程。关于砂岩的峰值应变随干湿循环作用变化规律的研究，不同学者有着不同的试验结果，如姜永东的研究结论为随着干湿循环次数增加，砂岩的峰值应变逐步增加。姚华彦的试验结果则认为随着干湿循环次数的增加岩石的峰值应变逐渐减小。而本次关于峰值应变的试验结果（表3－3和图3－7）表现出与前人所得结论完全不同的规律：岩样从自然状态到经历3次干湿循环，峰值应变逐步增加，达到了最大值0.416%。随着循环次数的继续增大，峰值应变则表现出逐步减小的趋势。

通过分析可知，峰值应变在不同试验结果上产生较大差异的原因可归结为：岩石离散性较强，且岩石属于非均质、非连续体方面。从岩石抗压强度、弹性模量与应变三者的数学关系上来讲，应变为岩石抗压强度与弹性模量的比值，所以岩石抗压强度和弹性模量的不同变化程度直接影响应变值的大小。姜永东的试验结果表明，随干湿循环的增加，砂岩的抗压强度从 70.18MPa 降到最低的 32.51MPa，降低幅度为 53.68%，弹性模量从 13.62GPa 降低到 4.036GPa，降低幅度为 70.36%，而姚华彦的试验结果为砂岩的抗压强度从 35.9MPa 降到最低的 6.07MPa，降低幅度为 83.09%，弹性模量从 5.837GPa 降低到 0.875GPa，降低幅度为 85.01%。相比两参数的降低幅度，二者试验抗压强度降低幅度差达到 29.41%，而弹性模量降低幅度差距为 14.71%，相对较小。因此在弹性模量（曲线斜率）相差不大的情况下，抗压强度降低越多，应变则会表现得越小。就峰值应变而言，也存在上述情况。

因此，单纯研究峰值应变随干湿循环作用的变化规律并不能得到一致的结论。但是就相同法向应力条件下峰值应变的变化规律而言，所有的试验结果具有一致性，即：随着干湿循环次数的增多，达到相同法向应力时所对应的应变值是在增加的。从指导实际岩石（体）工程来说，通过对比同等法向应力所产生的应变值大小反而更有实际的指导意义。

3.4.4 干湿循环作用对砂岩破坏特征的影响

岩石在不同的状态下表现出不一样的破坏形态，这是因其本身性质和受环境影响程度以及受力条件的不同造成的，其破坏特性有脆性破坏和延性破坏。根据其破坏机制，岩石的破坏形式表现出如图 3-9 所示的三种，即张拉破坏、剪切破坏和顶锥破坏。

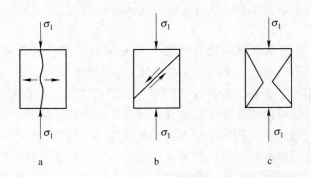

图 3-9 三种典型的岩石破坏形式

a—张拉破坏；b—剪切破坏；c—顶锥破坏

从本次试验结果看，所有经历不同次数干湿循环作用下砂岩的全应力-应变曲线，均表现出了应变软化阶段（图 3-4），葛修润院士 1994 年提出的岩石全应力-应变曲线新模型表明，应变软化阶段曲线越陡岩石越属于脆性破坏，若是延性破坏则曲线较缓。

　　图 3 – 10 是砂岩经不同次数的干湿循环作用后单轴压缩试验破坏的图片。根据不同次数干湿循环作用下砂岩应力 – 应变曲线的峰后曲线特征和对岩石破坏特性已有的研究成果，分析干湿循环作用对岩石破坏特征的影响如下：

SY-1-2 自然状态　　　SY-2-3 干湿循环 1 次　　　SY-3-2 干湿循环 3 次

SY-4-4 干湿循环 6 次　　　SY-5-4 干湿循环 10 次　　　SY-6-3 干湿循环 15 次

图 3 – 10　不同干湿循环次数作用下部分砂岩的破坏形式

　　（1）自然状态。砂岩在加压破坏后呈现出一条平行纵轴贯穿整个岩样的破坏面，破裂面内无摩擦擦痕，破坏形式属于张拉破坏。应力 – 应变曲线上的应变软化阶段较陡直，表现出典型的脆性破坏。

　　（2）干湿循环 1 次。加载破坏后的岩样，沿着纵轴有许多方向不一致的裂隙产生，但有一个贯穿整个岩样的拉伸破坏面，破坏形式整体上还属于拉伸破坏。破坏后的应变软化阶段较自然状态下的岩样曲线斜率较小，且破坏后的岩样断口呈波浪形的粗糙面，表现出脆性减弱的发展趋势。

　　（3）干湿循环 3 次、6 次。砂岩的破坏形式逐步发生了变化，从之前的张拉破坏转变为剪切破坏特征。全应力 – 应变曲线上的塑性应变阶段更长，应变软化阶段斜率进一步减小，砂岩的破坏面与岩样纵轴呈一定角度波浪形延伸，且破坏面断口出现粉化现象，脆性特征消失，塑性破坏特性凸显。

（4）干湿循环 10 次以后。砂岩的破坏形式表现出较为明显的剪切破坏，在加载过程中，会沿着剪切破坏面发生滑动，岩石破坏后留下摩擦痕迹，并产生破碎的粉末状颗粒，表现在全应力－应变曲线上，有更缓的应变软化阶段和更长的塑性流动阶段，这说明岩样已表现出明显的延性破坏特性。

综上所述，干湿循环作用对砂岩的破坏形式有显著的影响，随着干湿循环次数的增加，岩石从张拉破坏转变为剪切破坏，脆性破坏特征逐步消失，延性破坏特征渐趋明显，表明干湿循环作用会使砂岩的破坏特性产生脆－延转化。

3.4.5 干湿循环作用对砂岩声发射特性的影响

声发射，简称 AE，是指材料局部快速释放出能量而发生瞬态弹性波的现象。岩石在外载荷作用下的变形破坏（包括微裂纹的开裂和扩展等）过程中都会伴随有声发射，即以弹性波形式释放出应变能的现象。而且这种弹性波的信号还具有易于传播和接收的特点，通过它可对岩石破坏活动进行监测统计并且可以实现岩体工程的长期监测，因此有很多学者重视对其的研究。现有研究表明，岩石在整个受力过程中的声发射特性有助于揭示岩石内部裂纹开裂、扩展和断裂的演化规律，可反演岩石的破坏机制。因此，本次研究通过对不同干湿循环作用下砂岩单轴压缩试验过程中进行声发射监测，探讨干湿循环作用对砂岩声发射活动规律的影响，分析干湿循环作用对砂岩内部裂纹开裂、扩展与其声发射特征之间的关系，为提示干湿循环对砂岩力学特性的影响机理奠定基础。试验中，为消除环境噪声对声发射试验的影响，设定声发射仪门槛值为 40dB，探头谐振频率为 20 ~ 400kHz，采样频率为 10^6 次/s，在探头与岩石试件间涂抹耦合剂以保证探头与试件间的紧密结合。

3.4.5.1 声发射参数的选取

C. R. Heiple、S. H. Carpenter 及 H. N. G. Wadley 等对声发射技术检测材料损伤及断裂过程方面进行了长期的研究，并取得了较为丰富的研究成果。研究认为振铃计数是描述声发射信号特征的多个参数中能够较好地反映材料性能变化的特征参量之一，因为它与材料中位错的运动、夹杂物及第二相粒子的剥离和断裂及裂纹扩展所释放的应变能成比例；而累计声发射能量是一次声发射过程中测得的能量总和，能充分反映岩石内部裂纹发育扩展和岩石损伤程度，累计声发射能量定义为信号幅度的平方与时间的乘积，由于信号幅度与仪器的增益有关，因此该参数是一个相对的量。本次试验主要选用振铃计数、累积振铃计数、声发射能量、累计声发射能量进行分析。

3.4.5.2 不同次数干湿循环作用下砂岩的声发射特征

收集岩样在单轴压缩试验过程产生的声发射数据，根据试验数据绘制了经过不同次数干湿循环作用下砂岩的时间－应力－AE 累计能量和时间－应力－AE 累计振铃数曲线图，见图 3 - 11 和图 3 - 12，并对不同变形阶段的声发射特征进行了统计，见表 3 - 4。

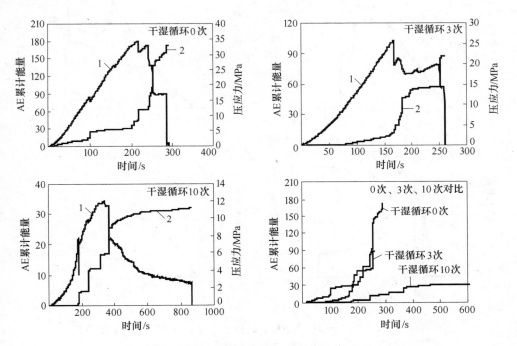

图 3 - 11　不同次数干湿循环下砂岩时间 - 应力 - AE 累计能量曲线

1—时间 - 压应力曲线；2—时间 - AE 累计能量曲线

表 3 - 4　声发射参数统计

对应阶段	声发射振铃计数			声发射能量		
	0 次	3 次	10 次	0 次	3 次	10 次
裂隙压密阶段	17849	719	256	13.204	0.532	0.493
弹性变形阶段	6428	1448	1991	15.929	12.960	11.319
塑性屈服阶段	12034	9308	5298	37.801	19.238	5.083
应变软化阶段	18396	10006	7431	105.870	54.979	12.366
塑性流动阶段	—	—	1552	—	—	1.642

通过分析研究发现，随着干湿循环次数的增加，砂岩试件在压缩过程中声发射特征表现如下：

（1）初始压密阶段。自然状态下的试件在此阶段内声发射事件先迅速增加

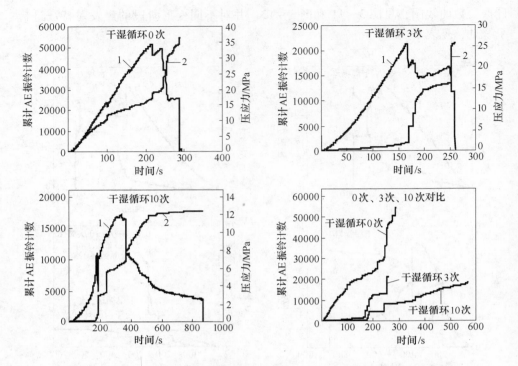

图 3-12　不同次数干湿循环下砂岩时间-应力-AE 累计振铃计数曲线

1—时间-压应力曲线；2—时间-AE 累计振铃计数曲线

后逐步放缓，累计声发射振铃计数达到 17849，但发射活动强度低，即声发射能量较小，只占试验过程中释放能量的 7.98%。经过 3 次干湿循环作用后，岩样在该阶段内声发射活动急剧减小，累计声发射振铃计数降低到 719，是总数的 3.34%，声发射累计能量小于 1%。经过 10 次干湿循环作用后，岩样声发射活动极其微弱，几乎监测不到声发射信号。

（2）弹性阶段。该阶段过程中，岩样内部微裂隙已经被压实，从图中观察到此阶段的声发射活动相对较平稳，试件局部裂隙扩展或贯通释放能量使得累计声发射能量曲线出现"台阶式"的发展方式。对比不同次数干湿循环的试件，声发射振铃计数整体下降，声发射能量为 15.929、12.960、11.319，即随着干湿循环次数的增多，岩样的声发射活动减弱。

（3）塑性变形阶段。此阶段过程中，岩样内部开始产生裂隙，随着压力的增大，新的裂纹不断出现并且逐步贯通，试件声发射迅速增加，表现在时间-AE 累计能量曲线上呈现出跳跃式增长，自然状态下岩样释放的能量达到了弹性变形阶段的 2.5 倍，这个增长幅度随着干湿循环次数的增加逐步减小，即随着干湿循环次数的增多，产生的声发射能量逐步减少。

（4）应变软化阶段。这个阶段在岩样破坏形式上形成了宏观断裂面，声发射信号亦非常强烈，干湿循环 0 次、3 次、10 次的岩样在该阶段内累计振铃计数分别达到 18396、10006、7431，达到整个实验过程的 33.63%、46.58%、40.01%，该阶段内累计释放能量所占比例分别为 61.26%、62.70%、40.02%，并且同样存在随着干湿循环次数增加振铃计数和岩样释放能量均减小的规律。

（5）塑性流动阶段。该阶段内，累计声发射能量很微弱，如经过 10 次干湿循环作用后的岩样此阶段内累计振铃计数为 1552，占试验全过程产生的累计振铃计数的 9.3%，累计能量为 1.642，占释放能量总的 5.31%，且随干湿循环次数增加减弱的更加明显。

综上所述，干湿循环作用对砂岩的声发射特性有着很明显的影响效应。通过分析各阶段内的声发射特征参数，能很好地体现了岩石受干湿循环作用影响的内部损伤演化的阶段性规律。岩石经过反复的"风干 – 饱水"交替作用，在其体内形成的"动水"环境对岩石内部碎屑的运移和扩散，岩屑和长石的溶解、溶蚀等水物理化学作用削弱了粒子间联结作用，晶体颗粒强度及晶体颗粒间黏结力降低，使岩样内部的裂隙扩展、发育贯通到破坏的过程所需要的能量减小。因此随着干湿循环次数的增加，岩样的声发射活动程度逐渐减弱，累计声发射振铃计数以及累计声发射能量越来越少。

3.5　干湿循环作用下砂岩直剪试验研究

在岩石相关物理力学参数中，岩石的抗剪强度参数（即黏聚力 c 及内摩擦角 φ），在工程中应用的极为广泛，同时也是岩土领域实际工程设计及数值分析重要的力学参数。目前关于水岩相互作用下岩石抗剪强度特性的研究多集中在天然、饱水及不同含水条件下，而对干湿循环作用下岩石抗剪强度特性方面的研究很少，为此有必要对其进行试验研究，以分析干湿循环作用对岩石抗剪特性的影响规律，继而为实际岩体工程设计及数值分析提供相关的理论依据。

3.5.1　干湿循环对砂岩抗剪参数的影响

表 3 – 5 是砂岩在不同干湿循环次数作用下的直剪试验结果，图 3 – 13 是相应的抗剪强度曲线，拟合得到的抗剪强度参数一并列入表 3 – 5。

根据图 3 – 13 可知，岩石的抗剪强度与其法向应力以及干湿循环次数密切相关，它们之间分别呈正、负相关关系，即岩石的抗剪强度随法向应力的增大而增大、随干湿循环次数的增加而减小。另外，随着干湿循环次数的增加，强度曲线斜率也表现出一定的减小趋势，说明法向应力越大，干湿循环对砂岩抗剪强度的弱化作用就越加明显。

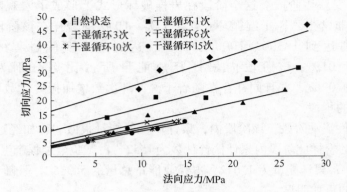

图 3 - 13 不同次数干湿循环作用下砂岩的抗剪强度曲线

表 3 - 5 干湿循环作用下砂岩直接剪切试验结果

试样编号	干湿循环次数 n/次	法向特征点应力/MPa	切向特征点应力/MPa	黏聚力 c /MPa	内摩擦角 φ/ (°)
SYZ-1-1		9.70	24.30		
SYZ-1-2		12.00	31.00		
SYZ-1-3	0（自然状态）	17.50	35.25	16.18	45.277
SYZ-1-4		22.40	34.00		
SYZ-1-5		28.20	47.02		
SYZ-2-1		6.20	14.01		
SYZ-2-2		11.50	21.01		
SYZ-2-3	1	17.10	21.00	9.434	39.533
SYZ-2-4		21.50	28.07		
SYZ-2-5		27.10	32.00		
SYZ-3-1		6.90	8.60		
SYZ-3-2		10.60	14.50		
SYZ-3-3	3	15.80	16.00	4.89	35.693
SYZ-3-4		21.10	19.10		
SYZ-3-5		25.60	23.72		
SYZ-4-1		4.00	6.60		
SYZ-4-2		6.20	8.03		
SYZ-4-3	6	8.60	9.58	4.14	32.955
SYZ-4-4		10.60	12.00		
SYZ-4-5		13.50	12.30		

续表 3 - 5

试样编号	干湿循环次数 n/次	法向特征点应力/MPa	切向特征点应力/MPa	黏聚力 c /MPa	内摩擦角 φ/（°）
SYZ-5-1		4.60	6.00		
SYZ-5-2		6.40	8.20		
SYZ-5-3	10	9.20	9.60	3.591	31.853
SYZ-5-4		11.10	9.80		
SYZ-5-5		14.00	12.50		
SYZ-6-1		4.20	5.76		
SYZ-6-2		8.40	9.60		
SYZ-6-3	15	8.90	8.50	3.495	31.094
SYZ-6-4		11.70	10.00		
SYZ-6-5		14.70	12.50		

　　图 3 - 14 和图 3 - 15 分别为干湿循环次数与岩石抗剪强度参数 c、φ 的关系曲线。可以看出，干湿循环作用次数的增加会使砂岩的 c、φ 值出现不同程度的降低，当岩石干湿循环达到最大次数 15 次时，黏聚力和内摩擦角分别减小到最小值 3.495MPa 和 31.094°，相比自然状态，降低幅度分别为 78.40% 和 31.33%，显然，干湿循环作用对砂岩黏聚力的影响比内摩擦角要大，即 c 值对干湿循环作用的反应要比 φ 更敏感。通过回归分析，发现黏聚力 c 与干湿循环作用次数之间有着良好的幂函数关系，内摩擦角 φ 与干湿循环作用次数之间的关系可用负指数函数表示，其方程可分别表示为：

$$c = 13.66(n+1)^{-1.116} + 2.621, \qquad R^2 = 0.9941 \qquad (3-7)$$

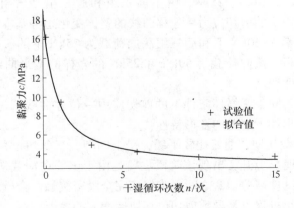

图 3 - 14　不同干湿循环作用下砂岩黏聚力变化曲线

$$\varphi = 13.38e^{-0.4223n} + 31.54, \qquad R^2 = 0.9917 \qquad (3-8)$$

式中　n——干湿循环次数，且为大于等于零的整数。

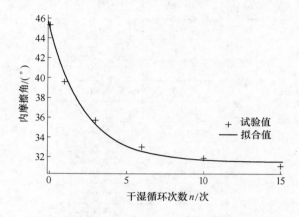

图 3-15　不同干湿循环作用下砂岩内摩擦角的变化曲线

将式（3-7）和式（3-8）代入库仑准则方程中，可得到考虑干湿循环效应的砂岩抗剪强度方程：

$$\tau = \sigma_n \tan(13.38e^{-0.4223n} + 31.54) + 13.66(n+1)^{-1.116} + 2.621 \qquad (3-9)$$

利用该公式分析处于"风干-饱和"交替环境中砂岩的强度与循环次数之间的关系，对工程设计、评价、分析具有重要的理论指导意义。

3.5.2　砂岩剪切变形特性随干湿循环作用的关系

根据试验设计方案，干湿循环 0 次（自然状态）、1 次、3 次的岩样法向力分别为 10kN、20kN、30kN、40kN、50kN，干湿循环 6 次、10 次、15 次的岩样为 5kN、10kN、15kN、20kN、25kN，由于前三组和后三组砂岩组在相同法向力、不同干湿循环作用下的剪切应力-位移曲线的整体变化趋势基本相似，因此只选取前三组法向荷载为 50kN 下和后三组法向荷载为 25kN 下的剪切变形曲线进行说明，为便于分析，法向荷载为 50kN 和 25kN 的岩样的变形曲线分别称为第一组曲线和第二组曲线。

图 3-16 为不同干湿循环条件下的剪切应力-位移曲线图。通过对比分析，可知砂岩样表现出如下的剪切变形特性：

（1）剪切加载初期，曲线比较平缓，呈上凹型，当剪切位移达到约 0.17mm 时曲线斜率开始明显上升。出现该阶段主要是由于试件在加载初期被压密所致，除此之外，由于试件与剪切盒之间很难保证完全紧密接触，会或多或少存在一定间隙，间隙的缩小过程也是导致剪切位移快速增大的原因。

（2）随着剪切应力的持续增加，剪切应力-位移曲线呈近似直线型变化，

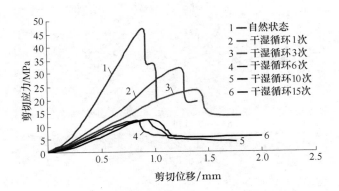

图 3 – 16　最高级法向荷载下不同次数干湿循环
作用下剪切应力 – 位移曲线图

之后随着剪切位移的增大，自然状态的岩样保持这种直线直至达到峰值应力，而经过干湿循环的岩样斜率逐步趋缓直至达到峰值应力，说明干湿循环操作会降低岩石的剪切模量，使岩石抵抗剪切的能力削弱。

（3）在剪切应力达到峰值后，自然状态的岩样迅速破坏，没有产生宏观滑移。干湿循环 3 次以上的岩样随着剪切位移的增加，剪切应力逐步减小到残余应力，这时的试样虽然已经完全破坏但还保持一定的残余承载能力。

（4）相同剪切力作用产生的剪切位移随干湿循环次数的增加而增大，因此在实际的岩体工程中，即使外部应力状态没有发生任何改变，也会因为频繁的降雨渗透 – 暴晒风干的干湿循环作用引起岩石剪切位移的变大，进而增大岩土体发生破坏的可能性，这一点在实际工程中应时刻注意。

3.5.3　干湿循环下砂岩剪切破坏规律分析

观察岩样剪切破坏形式以及破坏面的特征，能更加直观地了解砂岩直剪破坏特征受干湿循环作用影响的变化规律，图 3 – 17 为部分砂岩剪切破坏后的图片，从图中可以看出，处于自然状态下的砂岩直剪切破坏后，破裂面基本沿着剪切盒预留缝呈明显的单一破坏面剪断，破裂面上晶体颗粒"凹凸有致"，无明显的摩擦擦痕，残留小块棱角分明，因此岩石脆性破坏特征较明显。随着干湿循环作用次数的增多，岩石破坏后沿着破裂面部分裂隙呈弥散分布状态，即有裂隙群出现，同时断裂面局部有明显的擦痕且擦痕与剪切方向一致，如干湿循环 6 次、10 次、15 次的岩样擦痕较明显，剪切面亦出现粉化现象，这一现象表明岩样已明显呈现出塑性破坏特征。因此随着干湿循环作用次数的增加，砂岩直接剪切破坏同样表现出从脆性到塑性转化的破坏特征，这一结论与单轴压缩试验所得结果一致。

SYZ-1-5 试样 （自然状态）

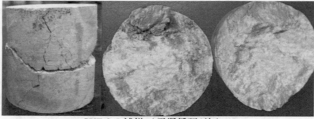

SYZ-2-5 试样 （干湿循环1次）

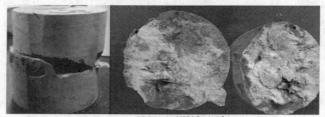

SYZ-3-5 试样 （干湿循环3次）

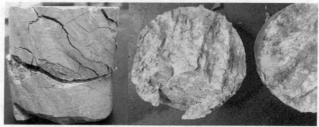

SYZ-4-5 试样 （干湿循环6次）

SYZ-5-5 试样 （干湿循环10次）

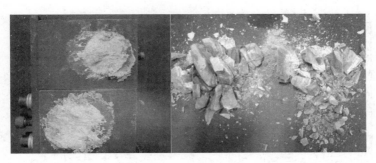

SYZ-6-5 试样　（干湿循环15次）

图 3 – 17　部分砂岩剪切破坏图片

3.5.4　干湿循环对岩石剪切特性影响机理的探讨

岩石的黏聚力由原生黏聚力、胶结黏聚力及毛细管黏聚阻抗组成。原生黏聚力是岩石矿物颗粒的分子间相互作用而存在分子力的表现，如图 3 – 18 中的 F_4，当单位体积内粒子间结合点数目增多时，原生黏聚强度增大。胶结黏聚力主要是经过成岩过程中的胶结作用形成的，如图 3 – 18 中的 F_3，胶结黏聚力的大小视胶结物而异。毛细管黏聚阻抗是毛细管压力引起的黏聚阻抗，当岩石被水饱和或密度很大时，此种黏聚力便不存在。

内摩擦角主要由岩石颗粒间表面摩擦力（图 3 – 18 中的 F_5）以及颗粒间互相嵌入产生的咬合阻抗（图 3 – 18 中的 F_6）组成，反映的是岩石颗粒间的摩擦特性。沿岩石潜在剪断面形成的齿状凸起越密集、相互嵌入程度越大以及颗粒间表面越粗糙，岩石内摩擦角就越大。

试验过程中，岩样经过反复的"风干 – 饱水"交替作用，在其体内形成了"动水"环境，即形成了自由水由内向外再由外向内的往复运动。这种"动水"在颗粒孔隙内循环往复运动加速了岩样内部碎屑的运移和扩散，岩屑和长石的溶解、溶蚀等水物理化学作用，迅速浸润颗粒以及颗粒间的胶结物，颗粒之间的胶结物便开始软化、溶蚀，颗粒胶结作用起到的黏聚力作用开始丧失，而且，颗粒间产生的咬合阻抗也会因胶结物软化而降低。与此同时，受"动水"的浸湿、润滑作用影响，颗粒表面变得光滑起来，大大降低了颗粒间产生的摩擦力。综上，干湿循环作用在岩石内部形成的"动水"环境对颗粒间胶结作用和颗粒表面粗糙度的影响可使得岩石的黏聚力和内摩擦角大大降低，进而造成岩石抗剪强度迅速降低。随着干湿循环作用次数的增多，颗粒胶结黏聚力与表面摩擦力受水反复扰动作用逐渐减弱，使得干湿循环作用对岩石黏聚力和内摩擦角的影响程度都表现为先快后慢的变化趋势。

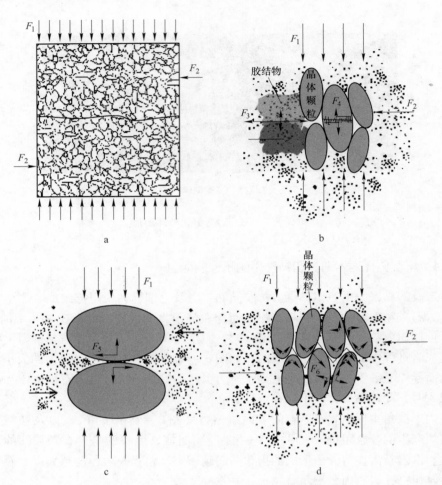

图 3 – 18 岩石抗剪过程受力模型示意图

F_1—法向作用力；F_2—剪切力；F_3—胶结黏聚力；F_4—原生黏聚力；

F_5—颗粒间表面摩擦力；F_6—颗粒间咬合阻抗力

3.6 本章小结

本章对经受最多 15 次干湿循环作用的砂岩试件展开了吸水性试验、单轴压缩试验、直接剪切试验研究。通过试验，获得了如下相关结论：

（1）砂岩的吸水率随着干湿循环次数的增加而增大，且存在增幅逐渐收窄的趋势，二者之间可用对数函数表示，即 $\omega_a = 0.280\ln n + 3.894$。

（2）岩石经过反复的"风干－饱水"交替作用后，在其体内形成的"动水"环境对砂岩内部碎屑的运移和扩散，岩屑和长石的溶解、溶蚀等水物理化学作用使得砂岩产生了次生孔隙，进而对砂岩的干质量造成损失。砂岩质量损失率与干湿循环作用次数呈明显的对数函数关系：$S = 0.1286\ln n + 0.0126$。

（3）单轴压缩试验表明干湿循环作用对砂岩"软化疲劳作用"显著,砂岩的抗压强度、弹性模量均会随着干湿循环次数的增加而减小,而峰值应变则具有先增大后减小的趋势,但随着干湿循环次数的增多,达到相同法向应力时所对应的应变均呈现增大规律。对比自然状态砂岩应力－应变曲线表现出的三阶段特征,经过不同次数干湿循环作用砂岩的应力－应变曲线具有明显的四阶段或五阶段特征。

（4）随干湿循环作用次数增加,岩样的声发射活动逐步减弱,声发射累计振铃计数和累计能量均减少。

（5）砂岩的抗剪强度随法向应力的增加而增大、随干湿循环次数的增加而减小,砂岩的抗剪参数 c、φ 值随着干湿循环次数的增加逐渐减小,且与干湿循环次数间存在明显的函数关系。

（6）对剪切力与剪切位移之间的关系进行分析,发现相同剪切力作用下产生的剪切位移随干湿循环次数的增加而增大。因此,在实际的岩体工程中,即使外部应力状态没有发生任何改变,也会因为频繁的降雨渗透－暴晒风干的干湿循环作用而引起岩石剪切位移增加,进而增大岩土体发生破坏的可能性,这一点在实际工程中应时刻注意。

（7）单轴压缩和直剪试验均表明,随着干湿循环作用程度的增强,砂岩会呈现由脆性到延性破坏的转化特征。

参考文献

［1］徐千军,陆杨. 干湿交替对边坡长期安全性的影响［J］. 地下空间与工程学报,2005,1
（6）：1021～1024.

［2］傅晏,刘新荣,张永兴,等. 水－岩相互作用对砂岩单轴强度的影响研究［J］. 水文地质工程地质,2009（6）：54～58.

［3］李汶国,张晓鹏,钟玉梅. 长石砂岩次生溶孔的形成机制［J］. 石油与天然气地质,2005,26（2）：220～223.

［4］Hudon J A,Harrison J P. 工程岩石力学［M］. 冯夏庭,李小春,焦玉勇,等译. 北京：科学出版社,2009.

［5］尤明庆,苏承东. 岩石的非均质性与杨氏模量的确定方法［J］. 岩石力学与工程学报,2003,22（5）：757～761.

［6］赵文. 岩石力学［M］. 长沙：中南大学出版社,2010.

［7］姜永东,阎宗岭,刘元雪,等. 干湿循环作用下岩石力学性质的实验研究［J］. 中国矿业,2011,20（5）：104～107.

［8］姚华彦,张振华,朱朝辉,等. 干湿交替对砂岩力学特性影响的试验研究［J］. 岩土力学,2010,31（12）：3704～3708,3714.

［9］周宏伟,谢和平,左建平. 深部高地应力下岩石力学行为研究进展［J］. 力学进展,2005,35（1）：91～99.

［10］Ranalli G, Murphy D C. Rheological stratification of the lithosphere ［J］. Tectonophysics, 1987, 132 (4): 281~295.

［11］朱珍德, 张勇, 王春娟. 大理岩脆 – 延性转换的微观机制研究 ［J］. 煤炭学报, 2005, 30 (1): 31~35.

［12］张明, 李仲奎, 杨强, 等. 准脆性材料声发射的损伤模型及统计分析 ［J］. 岩石力学与工程学报, 2006, 25 (12): 2493~2501.

［13］谢强, 张永兴, 余贤斌. 石灰岩在单轴压缩条件下的声发射特性 ［J］. 重庆建筑大学学报, 2002, 24 (1): 19~22.

［14］赵兴东, 田军, 李元辉, 等. 花岗岩破裂过程中的声发射活动性研究 ［J］. 中国矿业, 2006, 15 (7): 74~76.

［15］高峰, 李建军, 李肖音, 等. 岩石声发射特征的分形分析 ［J］. 武汉理工大学学报, 2005, 27 (7): 67~69.

［16］Heiple C R, Carpenter S H. AE from dislocation motion ［M］. In AE, New York: Gordon and Breach Publ, 1983.

［17］Wadley H N G, et al. AE for physical examination of medals ［J］. Int. Metals Rev. 2, 1980, 249: 41~64.

［18］刘新荣, 傅晏, 王永新, 等. （库）水 – 岩作用下砂岩抗剪强度劣化规律的试验研究 ［J］. 岩土工程学报, 2008, 30 (9): 1298~1302.

［19］Duzgun H S B, Yucemen M S, Karpuz C. A probabilistic model for the assessment of uncertainties in the shear strength of rock discontinuities ［J］. International Journal of Rock Mechanics and Mining Sciences, 2002, 39 (6): 743~754.

［20］李克钢, 侯克鹏, 张成良. 饱和状态下岩体抗剪切特性试验研究 ［J］. 中南大学学报（自然科学版）, 2009, 40 (2): 528~542.

［21］李华晔, 黄志全, 陈尚星, 等. 溪洛渡电站夹层抗剪参数 (c, f) 取值研究 ［J］. 岩石力学与工程学报, 2002, 21 (10): 1523~1526.

［22］李华晔, 黄志全, 刘汉东, 等. 岩基抗剪参数随机 – 模糊法和小浪底工程 c, φ 值的计算 ［J］. 岩石力学与工程学报, 1997, 16 (2): 155~161.

［23］张飞, 赵玉仑. 岩石抗剪强度参数的稳健估计 ［J］. 岩土力学, 1999, 20 (1): 53~56.

［24］曾纪全, 贺如平, 王建洪. 岩体抗剪强度试验成果整理及参数选取 ［J］. 地下空间与工程学报, 2006, 2 (8): 1403~1407.

［25］张威, 徐则民, 刘文连, 等. 含水率对西昌昔格达组黏土岩抗剪强度的影响研究 ［J］. 工程勘察, 2011 (5): 1~5.

［26］尤明庆. 基于黏结和摩擦特性的岩石变形与破坏的研究 ［J］. 地质力学学报, 2005, 11 (3): 286~292.

［27］冯夏庭. 智能岩石力学导论 ［M］. 北京: 科学出版社, 2000.

4 高次干湿循环作用下岩石力学特性研究

4.1 试验对象

本次试验所选用岩样同样为砂岩，且用于制备试样的岩块取自于同一块完整的岩体，以此降低因岩石离散而对试验结果造成的影响。该砂岩微风化，完整性较好，无明显可见节理。选取代表性岩样分别对其进行 X 射线衍射分析及薄片鉴定，鉴定结果显示为中粒含长石石英砂岩、中粒砂状结构、孔隙式胶结；岩石主要由含量 80% 的石英、5%~10% 的长石、10%~15% 的胶结物及少量岩屑等组成。石英多呈棱角、次棱角状，大小为 0.3~0.5mm，少量为大于 0.5~0.6mm 的粗砂，粒间被泥质、硅质充填；长石为无色，表面不洁净，已全部绢云母化、泥化；胶结物为泥质、硅质及水云母。X 射线衍射分析结果及显微结构照片分别见图 4-1~图 4-3，加工好的部分岩样见图 4-4。

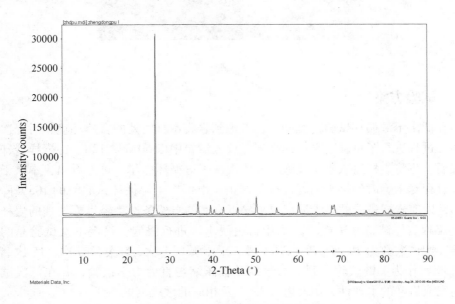

图 4-1 X 射线衍射分析图

图 4-2　砂岩试样显微结构图（一）　　　　图 4-3　砂岩试样显微结构图（二）

图 4-4　砂岩试件

4.2　试验方案

在低次干湿循环试验的基础上，考虑到岩石本身所处的自然环境，对 1 次干湿循环过程进行了重新定义，即将岩样放入烘箱中以 50℃烘 12h，待岩样冷却至室温后，再将岩样放入水中浸泡 48h 为 1 次干湿循环操作。可以看出，本次干湿循环过程对干燥时的烘干温度进行了修正，由低次干湿循环试验时的 105℃降为50℃，以使岩样遭受的烘干温度更加接近真实的自然条件。经烘干处理的岩样按照《工程岩体试验方法规范》采用自由浸水法进行浸泡。设定本次试验总的干湿循环操作次数为 30 次，其中以干燥、干湿循环 1 次、5 次、10 次、15 次、20次、30 次作为关键试验点开展后续的单轴压缩与直剪力学试验，并在每次试验期间完成岩样的水理性、声发射（AE）及相应的微观测试。

单轴压缩试验：对各关键试验点砂岩试件开展单轴压缩试验，并进行声发射特征的监测，试样为高 100mm、直径 50mm 的标准圆柱形试件。力学试验加载装置为 TAW - 2000D 微机控制电液伺服岩石三轴试验机，加载过程中采用变形控制方式，变形速率为 0.03mm/min，声发射采集设备为 SDAES 型数字声发射仪。

直剪试验：对选定的关键试验点进行直剪试验，试样尺寸按照规范要求进行加工，成为高 50mm、直径 50mm 的圆柱形标准试件。实验仪器为 YZW50 型微机控制电动应力式直剪仪。试验亦严格按规范操作，每组试验点 5 个试件的法向载荷分别设定为 10kN、20kN、30kN、40kN 和 50kN，且法向和切向加载速率均为 2.4kN/s。

4.3 干湿循环对砂岩吸水率的影响

为了解干湿交替对砂岩水理性质的影响程度，掌握砂岩吸水率随干湿循环次数的变化规律，以循环幅度最大，即干湿循环 30 次的试样按照规范要求进行吸水性试验。吸水性试验可在对试件进行干 - 湿操作过程中完成，即干湿循环进行到方案拟定的次数时，分别称量试件烘后的质量 m_d 及浸泡后的质量 m_0，然后根据公式（4 - 1）进行换算以得到不同干湿循环作用下砂岩的吸水率 ω_a，最后对这组岩样所得出的测定结果进行均值处理，以作为最终的分析数据。

$$\omega_a = \frac{m_0 - m_s}{m_s} \times 100\% \qquad (4 - 1)$$

式中　　m_0——岩样自由浸水 48h 后的质量，g；

　　　　m_s——试件烘干后的质量，g。

表 4 - 1 为干湿循环试验前砂岩试样的初始物理参数，表 4 - 2 为干湿循环前后不同岩样的质量，表 4 - 3 为整理后的试验结果。

表 4 - 1　循环处理前砂岩物理参数

天然含水率 $\omega/\%$	初始吸水率 $\omega_a/\%$	天然密度 $\rho/g \cdot cm^{-3}$	干密度 $\rho_d/g \cdot cm^{-3}$
0.32	2.80	2.36	2.35

表 4 - 2　岩样干湿循环前后质量统计表

岩样编号	自然质量/g	烘干质量/g	循环后质量/g							
			0	1	2	5	10	15	20	30
D-30-1	453.45	451.63	462.91	463.22	464.32	464.79	465.20	465.54	465.77	466.02
D-30-2	472.16	470.78	483.49	483.74	484.96	485.49	485.97	486.27	486.50	486.71
D-30-3	457.20	455.33	469.31	469.61	470.75	471.24	471.65	472.02	472.22	472.42
S-30-1	440.87	440.02	452.68	452.93	454.03	454.58	454.98	455.26	455.51	455.73
S-30-2	457.79	456.15	469.29	469.56	470.73	471.37	471.69	472.01	472.23	472.51
S-30-3	465.79	464.50	477.37	477.65	478.78	479.36	479.78	480.08	480.31	480.54

表 4-3　岩样自由吸水率分析表

循环次数 n	吸水率 $\omega_a / \%$	总增量 $\Phi_{i0} / \%$	阶段增量 $\Phi_{ji} / \%$	阶段平均增量 $\overline{\Phi_{ji}} / \%$
0	2.80	—	—	—
1	2.86	2.14	2.14	2.14
2	3.11	11.07	8.93	8.93
5	3.23	15.36	4.29	1.43
10	3.32	18.57	3.21	0.64
15	3.39	21.07	2.50	0.50
20	3.44	22.86	1.79	0.36
30	3.49	24.64	1.78	0.18

表 4-3 中各参量所对应的表达式分别见式（4-2）~式（4-4）。

$$\Phi_{i0} = \frac{\omega_{ai} - \omega_{a0}}{\omega_{a0}} \times 100\% \tag{4-2}$$

$$\Phi_{ji} = \Phi_{j0} - \Phi_{i0} \tag{4-3}$$

$$\overline{\Phi_{ji}} = \frac{\Phi_{j0} - \Phi_{i0}}{n_j - n_i} \tag{4-4}$$

式中　n——干湿循环次数；

Φ_{i0}——总增量，表示各特定循环点岩样的吸水率相对试件第一次在浸水饱和状态下（循环 0 次）吸水率的增量；

Φ_{ji}——阶段增量，即所选取相邻循环点之间砂岩含水率的增量；

$\overline{\Phi_{ji}}$——阶段平均增量，为所选取相邻循环点之间砂岩含水率的单次循环增量。

由循环处理前砂岩的初始物理参数可知砂岩的初始吸水率为 2.80%，当循环 1 次后吸水率变为 2.86%；相对初始状态下的吸水率，其增加幅度为 2.14%。循环 2 次时，其对应初始状态下岩样吸水率的增加幅度为 11.07%，且随着干湿循环次数的加大，吸水率呈上升趋势，当干湿循环进行到试验设定的最大次数 30 次时，吸水率变为 3.49%，其相对初始状态下的增长幅度也达到了 24.64%；可以看出干湿循环 2 次之后的相对增加幅度较大。从阶段增量可以看出其增长幅度呈先增大后减小的趋势，即由循环 1 次的 2.14% 增加到循环 2 次的 8.93%，而在干湿循环 5 次时降低到 4.29%，继而逐渐下降。阶段内平均增量与阶段增量的变化趋势相似，且在干湿循环 10 次时其值降到了 1% 以下，具体数据见表 4-3。综上可以得知，砂岩的吸水率随着干湿循环效应的增加呈上升的趋势，而这种性质的水 - 岩相互作用对应砂岩吸水率阶段平均增量的变化趋势为先增大后逐渐减小。

对表 4 - 3 中的数据进行拟合，建立砂岩吸水率与干湿循环次数之间的关系，其拟合曲线见图 4 - 5，相应的拟合公式见式（4 - 5）。

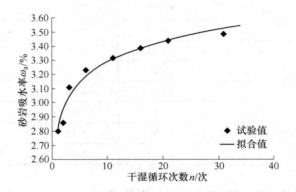

图 4 - 5　砂岩吸水率与循环次数的关系

$$\omega_a(n) = 0.2102\ln(n+1) + 2.8048\,(n \leq 30), \qquad R^2 = 0.9631 \qquad (4-5)$$

然而，在干湿循环过程中，岩石的质量不免会有损伤，这在傅晏、乔丽苹、郑东普等人的研究中已有体现，因此，上述吸水率的统计难免会有误差，即砂岩实际的吸水率比相应测得的吸水率高。从相对吸水率的角度来对其加以分析，计算公式见式（4 - 6）。

$$\omega_a' = \frac{m_0' - m_d}{m_d} \times 100\% \qquad (4-6)$$

式中　m_0'——当次干湿循环岩样自由浸水 48h 后的质量，g；

　　　m_d——当次干湿循环前试件烘干后的质量，g。

测试计算结果见表 4 - 4，对其进行相应的整理，整理结果见表 4 - 5。

表 4 - 4　岩样吸水质量统计表

岩样编号	各循环点岩样烘/泡后质量/g													
	1		2		5		10		15		20		30	
D-30-1	452.66	463.22	452.66	464.32	452.60	464.79	452.50	465.20	452.40	465.54	452.48	465.77	452.29	466.02
D-30-2	472.01	483.74	471.55	484.96	471.55	485.49	471.54	485.97	471.49	486.27	471.42	486.50	471.43	486.71
D-30-3	456.74	469.61	456.46	470.75	456.43	471.24	456.44	471.65	456.40	472.02	456.28	472.22	456.32	472.42
S-30-1	440.61	452.93	440.15	454.03	440.13	454.58	440.01	454.98	440.01	455.26	440.27	455.51	440.01	455.73
S-30-2	456.84	469.56	456.93	470.73	456.91	471.37	456.57	471.69	456.54	472.01	456.78	472.23	456.45	472.51
S-30-3	464.81	477.65	465.18	478.78	465.22	479.36	464.90	479.78	464.87	480.08	465.08	480.31	464.79	480.54

表 4 – 5　岩样相对吸水率统计

循环次数 n	相对吸水率 $\omega'_a/\%$	总增量 $\Phi'_{i1}/\%$	阶段增量 $\Phi'_{ji}/\%$	阶段平均增量 $\overline{\Phi'_{ji}}/\%$
1	2.66	—	—	—
2	2.94	10.53	10.53	10.53
5	3.06	15.04	4.51	1.5
10	3.19	19.92	4.88	0.98
15	3.26	22.56	2.64	0.53
20	3.29	23.68	1.12	0.22
30	3.38	27.07	3.39	0.34

表 4 – 5 中各参量所对应的表达式分别见式（4 – 7）~式（4 – 9）。

$$\Phi'_{i1} = \frac{\omega'_{ai} - \omega'_{a1}}{\omega'_{a1}} \times 100\% \tag{4-7}$$

$$\Phi'_{ji} = \Phi'_{j1} - \Phi'_{i1} \tag{4-8}$$

$$\overline{\Phi'_{ji}} = \frac{\Phi'_{j1} - \Phi'_{i1}}{n_j - n_i} \tag{4-9}$$

由表 4 – 5 可以看出，随着干湿循环次数的加大，砂岩相对含水率也呈增大的趋势，从干湿循环 1 次的 2.66% 增加到干湿循环 30 次的 3.38%，总增量亦呈增加趋势，相应从干湿循环 2 次的 10.53% 增加到干湿循环 30 次的 27.07%，阶段增量则随着干湿循环次数的增加而略有波动。

对表 4 – 5 中的数据进行拟合，式（4 – 10）为砂岩相对吸水率与干湿循环次数之间的函数关系，拟合曲线见图 4 – 6。

$$\omega'_a(n) = 0.1948\ln n + 2.73 (n \leqslant 30), \qquad R^2 = 0.9684 \tag{4-10}$$

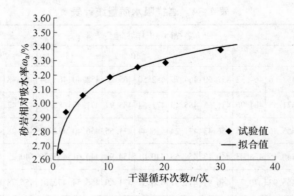

图 4 – 6　砂岩相对吸水率随干湿循环次数的变化曲线

4.4　单轴压缩条件下砂岩力学特性的干湿循环效应研究

4.4.1　单轴压缩试验结果

岩石典型的全过程应力–应变关系曲线见图3–6，从图3–6可以看出，试件从开始受载到破坏经历了五个阶段：微裂隙压密阶段（*OI*段）、弹性变形阶段（*IA*段）、屈服阶段（*AB*段）、应变软化阶段（*BC*段）、塑性流动阶段（*CD*段）。

表4–6为本次试验获得的砂岩力学特性指标，图4–7为各试验点相应的全应力–应变曲线。

表4–6　砂岩单轴压缩试验结果

试件编号	试件状态	抗压强度/MPa		弹性模量/MPa		峰值应变/%		泊松比	
		样本值	平均值	样本值	平均值	样本值	平均值	样本值	平均值
D-G-1	干燥状态	105.217		3.69×10^4		0.501		0.264	
D-G-2		127.396	116.306	4.45×10^4	4.07×10^4	0.435	0.468	0.157	0.21
D-G-3		—		—		—		—	
D-1-1	循环1次	83.123		2.31×10^4		0.433		0.077	
D-1-2		85.605	81.571	2.15×10^4	2.08×10^4	0.406	0.408	—	0.097
D-1-3		75.987		1.77×10^4		0.385		0.116	
D-5-1	循环5次	72.639		1.56×10^4		0.415		0.194	
D-5-2		86.708	73.953	1.22×10^4	1.523×10^4	0.601	0.488	0.229	0.212
D-5-3		62.513		1.79×10^4		0.447		0.229	
D-10-1	循环10次	64.815		1.34×10^4		0.583		0.12	
D-10-2		65.245	64.228	1.27×10^4	1.38×10^4	0.516	0.531	0.247	0.194
D-10-3		62.625		1.53×10^4		0.495		0.214	
D-15-1	循环15次	62.46		1.19×10^4		0.614		0.172	
D-15-2		65.572	60.058	1.13×10^4	1.206×10^4	0.532	0.568	—	0.153
D-15-3		52.144		1.3×10^4		0.56		0.134	
D-20-1	循环20次	48.554		0.95×10^4		0.613		0.16	
D-20-2		62.272	55.413	1.22×10^4	1.085×10^4	0.684	0.648	—	0.16
D-20-3		—		—		—		—	
D-30-1	循环30次	41.989		0.91×10^4		0.529		0.245	
D-30-2		44.753	44.248	1.06×10^4	0.987×10^4	0.709	0.627	0.244	0.204
D-30-3		46.001		0.99×10^4		0.644		0.124	

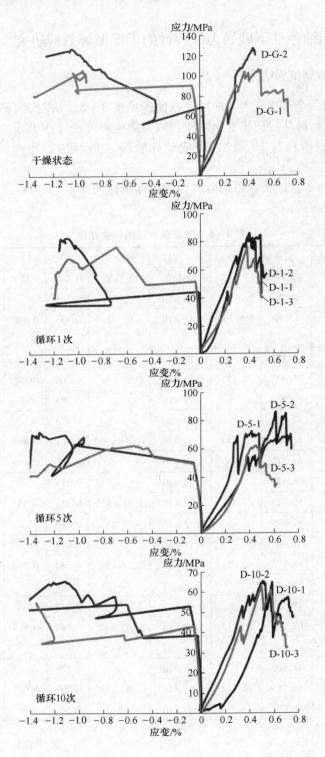

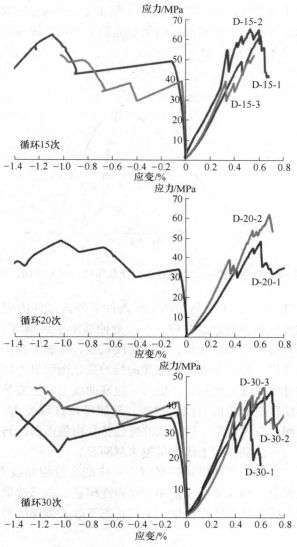

图 4 – 7 各试验点应力 – 应变曲线

4.4.2 干湿循环对砂岩变形特性的影响

从不同试验点的应力 – 应变曲线可以看出，试验曲线大体遵循图 3 – 6 中的前四个阶段，即初始微裂隙压密阶段、线性变形阶段、屈服阶段及应变软化阶段，而塑性流动阶段在曲线中没能得以体现。

如前所述，葛修润等于 1994 年提出了岩石全应力 – 应变新模型，即当试验过程中选用变形控制（轴向应变）方式对岩石进行持续加载时，绝大多数岩石的峰后曲线都位于峰值强度点的右侧，而峰后曲线的倾斜程度取决于岩石的脆性强弱，若岩石的脆性较强，峰后曲线则相对陡峭，若延性较强脆性较弱，则峰后曲线相对平缓，见图4-8。

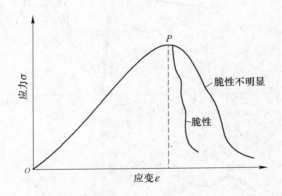

图4-8　岩块应力-应变全过程曲线新模型（据葛修润，1994）

　　由图4-7可以看出，干燥及循环1次条件下砂岩试件的应力-应变曲线较为相似，两组试件的脆性较强，在应力-应变曲线上主要体现为压密段不明显，弹性变形阶段所对应的直线段较长，屈服阶段较短，屈服平台不明显，峰后曲线较陡；循环5次及以上岩石全应力-应变曲线的变化则明显不同，即试件的脆性较弱，对应的塑性性质逐渐增强，在应力-应变曲线上的主要特征为压密段变得明显，弹性变形阶段所对应的直线段变短，屈服阶段区域变大，屈服平台显著，峰后曲线较为轻缓。总体看来，砂岩试件脆性特征由强而弱的转变随着干湿循环次数的加大在应力-应变曲线上体现得越来越明显。

　　一般情况下，岩石的弹性模量根据应力-应变全过程曲线有三种计算方法，分别为初始弹性模量、切线弹性模量和割线弹性模量，本书选取砂岩应力-应变曲线上的直线段曲线来计算弹性模量，不同状态下砂岩试件的弹性模量分析统计表见表4-7。

表4-7　砂岩弹性模量分析统计表

循环次数 n	弹性模量 /MPa	总下降幅度 E_{ii}/%	阶段下降幅度 E_{ji}/%	阶段平均下降幅度 $\overline{E_{ji}}$/%
1	2.08×10^4	——	——	——
5	1.52×10^4	26.78	26.78	6.69
10	1.38×10^4	33.65	6.87	1.37
15	1.21×10^4	42.02	15.24	3.04
20	1.09×10^4	47.83	5.81	1.16
30	0.99×10^4	52.54	4.71	0.47

表 4-7 中的总下降幅度、阶段下降幅度及阶段平均下降幅度的表达式分别见式 (4-11)~式 (4-13)。

$$E_{i1} = \frac{E_1 - E_i}{E_0} \times 100\% \qquad (4-11)$$

$$E_{ji} = E_{j1} - E_{i1} \qquad (4-12)$$

$$\overline{E_{ji}} = \frac{E_{j1} - E_{i1}}{n_j - n_i} \qquad (4-13)$$

从表 4-6 可知，干燥状态下砂岩的弹性模量为 4.07×10^4 MPa，循环 1 次后变为 2.08×10^4 MPa，即砂岩循环 1 次后的弹性模量相对干燥状态下的弹性模量下降了 48.89%，为了后文分析方便，现以砂岩循环 1 次后的弹性模量作为基准，来对其进行分析。不难看出，砂岩的弹性模量随着干湿循环次数的加大而减小，循环 5 次后砂岩的弹性模量相对循环 1 次后的值下降幅度为 26.78%，而循环 30 次后的弹性模量相对循环 1 次后的值的下降幅度高达 52.54%；阶段下降幅度随干湿循环次数的加大亦呈减小的趋势，但在干湿循环 15 次时有所波动；阶段平均下降幅度随干湿循环次数的变化规律与阶段下降幅度类似，其在循环 5 次后下降幅度为 6.69%，而在循环 30 次后降幅变为 0.47%，其随干湿循环次数的变化规律见图 4-9，相应拟合关系式见式 (4-14)，可以看出其拟合效果良好。

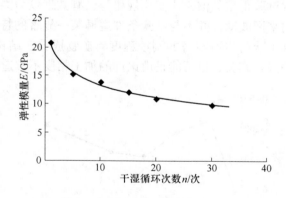

图 4-9 砂岩弹性模量随干湿循环次数变化图

$$E(n) = -0.322\ln n + 2.0743 (n \leqslant 30), \qquad R^2 = 0.9949 \qquad (4-14)$$

对峰值应变进行考察，循环 1 次后砂岩的峰值应变为 0.408%（表 4-6），其后随着干湿循环次数的增加逐渐增大，在干湿循环 20 次后峰值应变达到最大值 0.648%，而在循环 30 次后又降为 0.627%，总的来看，随干湿循环作用程度的加剧，峰值应变并未呈现明显的单调性变化规律，而是表现出了先增加后减小的趋势，这与大部分学者的研究结论较为吻合，其随干湿循环次数的变化情况见图 4-10。

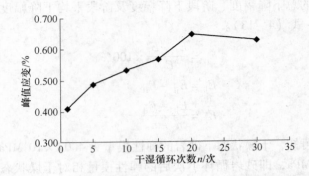

图 4 - 10　砂岩峰值应变随干湿循环次数的变化

　　图 4 - 11 为砂岩泊松比随干湿循环次数的变化曲线，不难发现，在泊松比的变化规律方面，规律性表现得更差。就本次试验结果而言，干燥状态下砂岩试样的泊松比为 0.21（表 4 - 6），在循环 1 次后大幅度下降，为 0.097；而后随着干湿循环次数的增加，整体上又表现出了先减小后增大的变化趋势，最小值出现在干湿循环 15 次时，其值为 0.153。总的来说，泊松比基本上在 0.1～0.2 之间波动，其中大部分集中在 0.15～0.2 范围内。关于水 - 岩相互作用下岩石变形指标的研究不少，本次试验得出的泊松比变化规律与已有文献较为类似，即泊松比会在某一数值范围内来回波动，并不与试验条件遵循某一显著的特定规律，而变化波动范围的不同既可能与岩石本身的剥蚀程度、矿物成分、结构构造、孔隙性、水理性等多方面的因素有关，也可能是由试件的加工精度不够造成。

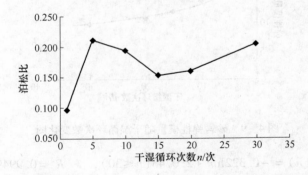

图 4 - 11　砂岩泊松比随干湿循环次数的变化曲线

4.4.3　干湿循环对砂岩强度特性影响分析

　　干燥状态下砂岩的平均抗压强度为 116.306MPa（表 4 - 6），循环 1 次后下降为 81.571MPa，下降幅度为 29.86%，在此同样以循环 1 次后砂岩的抗压强度为基准分析其随干湿循环次数的变化规律。不同干湿循环条件下砂岩的单轴抗压强度分析统计表见表4-8。

表 4-8 单轴抗压强度分析统计表

循环次数 n	单轴抗压强度 /MPa	总下降幅度 U_{i1}/%	阶段下降幅度 U_{ji}/%	阶段平均下降幅度 $\overline{U_{ji}}$/%
1	81.571	—	—	—
5	73.953	9.34	9.34	2.34
10	64.228	21.26	11.92	2.38
15	60.058	26.37	5.11	1.02
20	55.413	32.06	5.69	1.13
30	44.248	45.75	13.69	1.36

表 4-8 中的总下降幅度、阶段下降幅度及阶段平均下降幅度等的计算方式与前面所述一致，即：

$$U_{i1} = \frac{\sigma_1 - \sigma_i}{\sigma_1} \times 100\% \tag{4-15}$$

$$U_{ji} = U_{j1} - U_{i1} \tag{4-16}$$

$$\overline{U_{ji}} = \frac{U_{j1} - U_{i1}}{n_j - n_i} \tag{4-17}$$

由表 4-8 可以看出，循环 5 次后砂岩的单轴抗压强度为 73.953MPa，相对循环 1 次后的值下降了 7.618MPa，下降幅度为 9.34%，循环 30 次后的值为 44.248MPa，相对循环 1 次后的值下降了 37.323MPa，降幅为 45.75%，因此，砂岩单轴抗压强度存在随干湿循环次数的增加而逐步减小的趋势。就阶段平均下降幅度而言，在试验次数内没有表现出特别明显的规律，即每干湿循环 1 次单轴抗压强度的下降幅度并不稳定，但放在整个干湿循环时间轴上，还是存在一定的规律痕迹可循：在干湿循环次数较少时（$n \leqslant 10$），每 1 次的干湿操作对单轴抗压强度的削弱程度较大，平均达到了 2.3%，但随着循环次数的持续增加（$n > 10$），每 1 次干湿循环的影响程度有所减小，平均在 1.2% 左右，实际上这如同岩石吸水率在初期增加较快而后逐步放缓一样，表明干湿操作对岩石的损伤程度亦存在初期较大后期较小的特点。图 4-12 为砂岩单轴抗压强度随干湿循环次数的变化曲线，相应拟合函数见式（4-18）。

$$\sigma_c(n) = -10.26\ln n + 85.497 (n \leqslant 30), \qquad R^2 = 0.896 \tag{4-18}$$

4.4.4 干湿循环对砂岩破坏特征影响分析

岩石在单向荷载作用下的破坏特征可根据相应的应力 - 应变全过程曲线、受

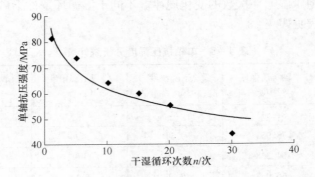

图4－12　砂岩单轴抗压强度随干湿循环次数变化曲线

力过程中裂隙等的发展途径及破坏时破裂面的类型等来加以判别，影响岩石破坏方式的因素有多种，如岩石自身的矿物组成和结构构造、试件加工情况、试验加载速率等，图4－13为本次试验部分岩样的单轴压缩破坏图片。在试验中发现，干燥及循环次数小于5~10次时，试样在加载过程中表面裂隙发展、延伸直至贯通的轨迹较为单一，试样的破坏面大体沿试件的长度方向呈纵向开展，表现出明显的受拉劈裂破坏特征，且破坏过程中伴有较为清脆的爆裂声；随着干湿循环程度的加大，岩样表面裂隙的发展演变方式逐步趋于复杂，发生破裂时声音亦变得混杂低沉，岩样破裂面的条数增多，与试件长度方向的夹角偏移幅度亦开始增

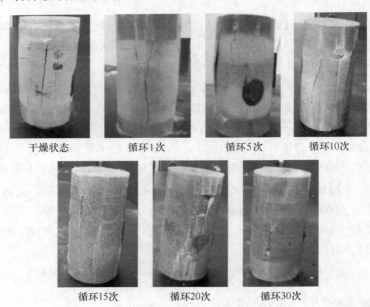

图4－13　不同干湿循环试验后部分岩样破坏方式

大，表现出一定的剪切破坏特征。

总的来说，与低次干湿循环试验一样，在干湿循环次数较少时，砂岩破坏呈现较为显著的脆性特征，然后随着干湿循环作用次数的增加，砂岩的脆性破坏特征逐渐减弱，延性特征渐趋增强，即砂岩破坏具有一定的脆 - 延转化特点。

4.4.5　干湿循环作用下砂岩声发射特性研究

声发射特征参数可以从不同方位反映岩石在试验过程中从加载至破坏的全过程。常见的声发射特征参数都是通过对计算机所采集的表征数据进行处理而来的，包括以下几种：

（1）撞击及撞击计数：前者为任一声发射信号，前提为其要超过门槛才能被采集系统采集，后者为采集系统对前者的累计计数。

（2）事件计数：若干个（含一个）撞击所产生的声发射事件的数目，分为总计数及计数率。

（3）振铃计数：对振铃波形超出设定阀值电压部分所形成的矩形脉冲的计数，分为总计数及计数率。

（4）幅度：信号波形（事件）的最大幅值，一般用分贝（dB）来表示。

（5）能量计数：信号幅度的平方包络检波线所涵盖的面积，分为总计数及计数率。

（6）持续时间：指事件信号于第一次越过门槛至最后降止门槛所历经的时间间隔，用微秒（μs）来表示。

（7）上升时间：指信号第一次越过门槛到最大振幅所历经的时间间隔，用微秒（μs）来表示。

基于已有的试验设备，同时结合已有研究成果，本次选用的声发射特征参数为 AE 累积振铃计数和 AE 累计能量，并以此来描述不同次数干湿交替作用下的砂岩在单轴压缩试验过程中各不同阶段声发射性能的变化情况。增益门槛值为影响系统灵敏度的主要因素，门槛值设置低，采集的信号就多，考虑环境噪声干扰及系统灵敏度双方面的因素，本次声发射试验设定的增益门槛值设为 40dB。

图 4 - 14 为部分试验点中具有代表性岩样的时间 - AE 累积振铃计数 - 应力、时间 - AE 累计能量 - 应力关系曲线图，图 4 - 15 为不同干湿循环次数下的声发射曲线对比。

关于不同干湿循环作用下岩样应力 - 应变曲线形态特征在前文已进行了阐述，即不同试验点的应力 - 应变曲线大体遵循图 3 - 6 中的前四个阶段——初始微裂隙压密阶段、线性变形阶段、屈服阶段及应变软化阶段。由图 4 - 7 可以看到，不同干湿循环作用下砂岩应力 - 应变曲线峰后段不完整，亦即应变软化阶段不完全且相互之间的差异性较大，为此，结合岩石的应力 - 应变曲线，对试验过

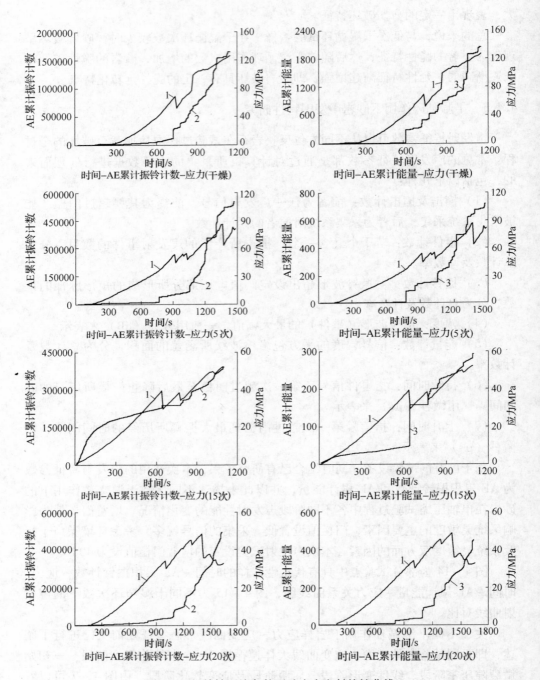

图 4 - 14　单轴压缩条件下砂岩声发射特性曲线

1—时间 - 压应力曲线；2—时间 - AE 累计振铃计数曲线；3—时间 - AE 累计能量曲线

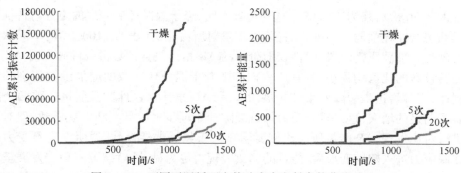

图 4-15　不同干湿循环次数砂岩声发射参数曲线对比

程中岩石在前三个阶段的声发射特性进行分析研究,即对岩石在达到破坏荷载时的 AE 累积振铃计数及 AE 累计能量进行统计分析,其中又把屈服阶段细分为裂隙发生、扩展阶段及裂隙不稳定发展直至破坏阶段,其统计结果见表 4-9。表 4-10 为各阶段 AE 振铃计数和能量值所占比例统计情况。

表 4-9　声发射参数统计

区　　间	AE 累计振铃计数/ $\times 10^4$				AE 累计能量			
	干燥	5 次	15 次	20 次	干燥	5 次	15 次	20 次
裂隙压密阶段	2.08	0.58	16.47	0.32	6.37	2.62	26.75	1.12
弹性变形阶段	3.04	0.35	4.07	1.25	8.24	1.18	10.92	4.66
裂隙发生扩展阶段	6.56	5.81	2.82	5.21	329.90	147.74	118.35	69.75
裂隙不稳定发展至破坏阶段	153.72	43.45	15.53	19.83	1693.78	488.86	136.26	179.09
累　　计	165.4	50.19	38.89	26.6	2038.29	640.39	292.27	254.63

表 4-10　各阶段声发射参数所占比例统计

区　　间	AE 累计振铃计数所占比例/%				AE 累计能量所占比例/%			
	干燥	5 次	15 次	20 次	干燥	5 次	15 次	20 次
裂隙压密阶段	1.26	1.15	42.33	1.19	0.31	0.41	9.15	0.44
弹性变形阶段	1.84	0.69	10.47	4.69	0.40	0.18	3.74	1.83
裂隙发生扩展阶段	3.96	11.58	7.26	19.59	16.19	23.07	40.49	27.39
裂隙不稳定发展至破坏阶段	92.94	86.57	39.94	74.53	83.10	76.34	46.62	70.34
累　　计	100	100	100	100	100	100	100	100

从表 4-9 可以看出,随着干湿循环次数的加大,岩石在破坏时的 AE 累计振铃计数及 AE 累计能量均逐步减小,干燥状态时砂岩试件的 AE 累计振铃计数为 165.4×10^4,当循环 5 次后,其值变为 50.19×10^4,循环 20 次后降为 26.6×10^4;干燥条件下砂岩试样的 AE 累计能量为 2038.29,干湿循环 5 次后其值变为 640.39,

干湿循环 20 次后降为 254.63。这一现象表明,经干湿循环后砂岩的声发射特征较干燥状态会明显削弱。另外,从各阶段声发射所占比例(表 4 – 10)上看,不同状态下的砂岩在裂隙压密阶段、弹性变形阶段的 AE 累计振铃计数占试件破坏时 AE 累计振铃计数的比例均很小,且其所占比例随着干湿循环次数的增加没有特别的响应规律;当砂岩进入裂隙发生和扩展阶段后,AE 累计振铃计数及能量较前两个阶段有了明显的增大,这是岩石受力加载裂隙开始逐步生成且不断发展所致,但对二者进行对比发现,AE 能量所占比例要明显大于累计振铃计数,说明在岩石受力超过屈服应力进入塑性变形后,能量的释放表现得更为显著;对裂隙不稳定发展至破坏阶段来说,其 AE 参数所占比例在四个阶段中是最大的,也就是说,在试件即将破坏前声发射活动最为活跃,而这也正是可以采用声发射特性预测岩石是否即将破坏的重要依据。需说明的是,由于干湿循环 15 次的砂岩试件端面不平整,继而导致其各阶段声发射参数变化规律与其他状态试样不一致,这从图 4 – 14 中也可以看出。由于端面不平整,进而改变了岩石的受力状态及其声发射特性,余贤斌等人通过试验对此进行过较为深入的研究。另通过图 4 – 15 可知,随着干湿循环次数的加大,砂岩还产生了较为明显的声发射时间滞后现象。

众所周知,声发射可揭示岩石内部微缺陷的产生、扩展及汇合的演变过程,砂岩是一种多孔介质,故在试验过程中砂岩所产生的声发射活动必然与其内部颗粒间的联结密切相关,本书的试验条件为对砂岩进行干湿循环处理,过程中未改变岩样的初始结构。水分子通过砂岩表面孔隙等渗入砂岩内部继而削弱其颗粒间的联结,晶体颗粒强度及其相互间黏聚力下降,使岩样达到破裂时所需的能量亦减小,继而在宏观上表现为随着干湿循环次数的加大,砂岩的声发射活动减弱,相应声发射特征参数值也随之减小。

4.5 砂岩剪切特性的干湿循环效应试验研究

4.5.1 干湿循环对砂岩抗剪参数的影响

表 4 – 11 为不同干湿循环作用下的直剪试验数据,图 4 – 16 为相应的抗剪强度曲线。

表 4 –11　不同干湿循环作用下砂岩剪切试验数据

岩样编号	试件状态	法向特征点应力 /MPa	切向特征点应力 /MPa	黏聚力 c/MPa	内摩擦角 φ/(°)	摩擦系数
Z-G-1		7.20	21.30			
Z-G-2		12.80	29.30			
Z-G-3	干燥状态	17.60	39.20	14.70	50.19	1.20
Z-G-4		23.10	41.70			
Z-G-5		27.70	45.00			

岩样编号	试件状态	法向特征点应力/MPa	切向特征点应力/MPa	黏聚力 c/MPa	内摩擦角 φ/(°)	摩擦系数
Z-1-1		6.70	17.10			
Z-1-2		11.70	26.20			
Z-1-3	循环 1 次	18.40	26.70	11.66	43.85	0.96
Z-1-4		22.70	32.00			
Z-1-5		27.60	40.00			
Z-5-1		7.40	15.60			
Z-5-2		12.00	25.00			
Z-5-3	循环 5 次	16.80	26.70	10.84	43.22	0.94
Z-5-4		22.40	31.60			
Z-5-5		28.00	36.70			
Z-10-1		7.10	15.50			
Z-10-2		12.20	24.90			
Z-10-3	循环 10 次	17.20	20.40	10.11	41.85	0.89
Z-10-4		22.00	31.50			
Z-10-5		27.60	34.80			
Z-15-1		7.10	15.40			
Z-15-2		11.60	21.40			
Z-15-3	循环 15 次	17.30	26.20	11.33	38.63	0.80
Z-15-4		22.20	30.60			
Z-15-5		28.10	32.00			
Z-20-1		8.20	13.90			
Z-20-2		11.70	21.20			
Z-20-3	循环 20 次	16.80	20.70	8.36	40.50	0.85
Z-20-4		22.50	29.40			
Z-20-5		28.30	31.60			
Z-30-1		6.30	9.50			
Z-30-2		12.00	17.90			
Z-30-3	循环 30 次	17.90	20.60	7.31	34.82	0.70
Z-30-4		22.90	23.60			
Z-30-5		29.10	26.30			

由表 4 - 11 得知，干燥状态时砂岩的黏聚力和内摩擦角分别为 14.70MPa 和

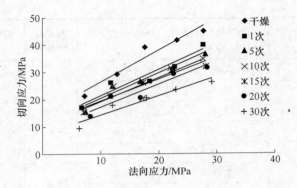

图 4 – 16　不同干湿循环作用下砂岩抗剪强度曲线

50.19°，干湿循环 1 次后变为 11.66MPa 和 43.85°，其值相对干燥状态时分别下降了 20.68% 和 12.63%，在此同样以干湿循环 1 次后试样的黏聚力为基准加以分析。由表 4 – 11 可以得知，干湿循环 5 次后砂岩的黏聚力和内摩擦角分别为 10.84MPa、43.22°，其相对干湿循环 1 次后的降幅为 7.06% 和 1.44%，干湿循环 30 次后砂岩黏聚力下降为 7.31MPa，内摩擦角下降为 34.82°，下降幅度达到了 37.31% 和 20.59%，不难看出，砂岩的黏聚力和内摩擦角均随着干湿交替次数的加大而减小，且黏聚力对干湿循环作用的响应效应比内摩擦角要更为显著。对它们之间的关系进行拟合，可得如图 4 – 17 和图 4 – 18 所示的关系曲线，且存在式（4 – 19）、式（4 – 20）的良好函数拟合关系。

$$c(n) = 14.35(n+1)^{-0.01786}(n \leqslant 30), \qquad R^2 = 0.9378 \qquad (4 – 19)$$

$$\varphi(n) = 49.39(n+1)^{-0.0902}(n \leqslant 30), \qquad R^2 = 0.8909 \qquad (4 – 20)$$

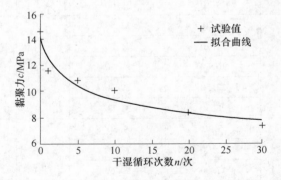

图 4 – 17　砂岩黏聚力随干湿循环次数变化关系

　　从强度曲线图 4 – 16 看，砂岩抗剪强度与所受法向应力呈正相关关系，与干湿循环次数呈负相关关系，即随着法向应力的加大而变大，随干湿循环次数的加

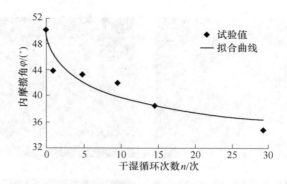

图 4 - 18　砂岩内摩擦角随干湿循环次数变化关系

大而减小。同时，随着干湿循环效应的增强，抗剪强度曲线斜率呈逐渐减小的趋势，说明干湿循环次数的增加会使岩石抗剪性能弱化程度增大，即在外界条件不变的情况下（如外部法向荷载不变），岩石发生破坏的概率增大。

通常情况下，岩石抗剪强度可用 Coulomb 准则来表述，将式（4 - 19）及式（4 - 20）代入 Coulomb 准则表达式，即可得到考虑干湿循环效应下的砂岩抗剪强度公式：

$$\tau = \sigma_n \tan[49.39(n+1)^{-0.0902}] + 14.35(n+1)^{-0.01786} \qquad (4-21)$$

4.5.2　干湿循环对砂岩剪切破坏特征的影响

图 4 - 19 为不同干湿循环砂岩直剪试验的破坏照片。

由图 4 - 19 可以看出，干湿循环作用对砂岩在直剪条件下的破坏特征影响显著，与单轴压缩变形试验相对应，在干燥状态、干湿循环 1 次后，岩样剪切破坏面的表面形态简单、起伏小，肉眼观察剪切面的走向不明显，即其定向擦痕不明显，需借用手指触摸才能鉴别，即顺着剪切的方向手感较为光滑，逆着剪切的方向手感比较粗糙，在破坏面上很少有岩粒及碎屑出现；随着干湿循环次数的加大，试样断裂面的表面形态逐渐趋于复杂，起伏亦逐步变大，肉眼即可观察到剪切面的走向方向，定向擦痕变得越来越明显，且破裂面上呈散状分布的岩粒、碎屑等也越来越多。因此，不同干湿循环条件下砂岩试样的破坏特征能很好地表明随着干湿循环幅度的加大，砂岩试样的脆性破坏特征逐渐减弱，相应的塑性破坏特征逐步增强，这与单轴压缩条件下不同干湿循环次数砂岩岩样的破坏特征所呈现的变化趋势是一致的。

岩石黏聚力即岩石颗粒间的黏结力，按时间及机理可细分为原始内聚力及固化内聚力，前者主要受控于岩石矿物颗粒组成、密度及吸附水联合作用，后者主要受控于岩石成岩过程中形成的胶结作用。在本次试验中，随着干湿循环幅度的

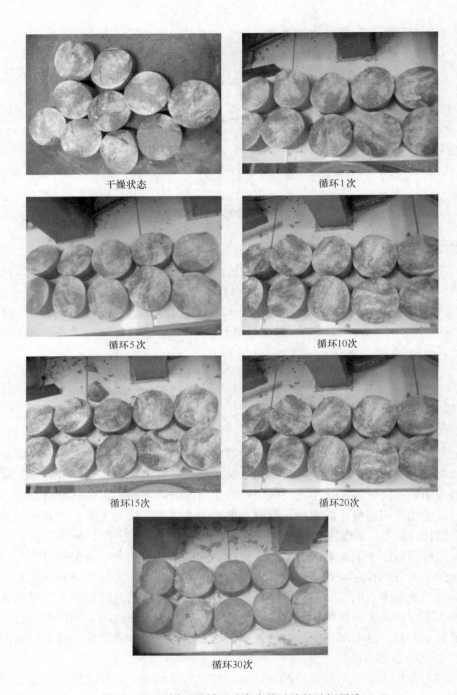

干燥状态

循环1次

循环5次

循环10次

循环15次

循环20次

循环30次

图4-19　不同干湿循环砂岩直剪试验的破坏照片

加大，岩石内部颗粒周边吸附水膜厚度逐步递增，颗粒间距亦随之加大，颗粒表面吸附水膜的胶结作用及颗粒间的分子作用力也随之下降，继而造成原始内聚力及固化内聚力的减小，宏观效应则体现为随着干湿循环次数的加大砂岩的黏聚力有下降的趋势；而内摩擦角则反映了岩石的摩擦特性，一般认为由两部分组成，即岩石颗粒表面所产生摩擦力及由于颗粒相互间的嵌入及连锁作用所产生的咬合力。干燥状态时，岩石颗粒表面摩擦力及颗粒间的嵌入、胶结作用产生的咬合力较大，所以摩擦角大；而岩石经干湿循环处理后，颗粒表面摩擦力有所下降，水渗入岩石内部，颗粒间的孔隙被填充，弱化了颗粒间的嵌入及连锁效应，内摩擦角因此会变小。由于水－岩作用是一种累积效应，为此随着干湿循环幅度的加大，砂岩抗剪性能的劣化现象越发显著。

4.6　干湿循环作用下岩石劣化机理初步探讨

4.6.1　水在岩土中的赋存状态

要深入了解水岩相互作用机制，必须对水在岩石中的赋存状态有着清晰的认识，水在岩土中的赋存状态见图4－20。

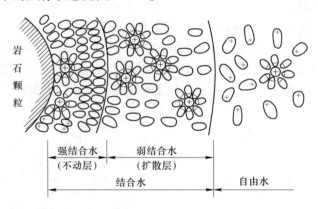

图4－20　水在岩土中的赋存状态

水在岩石中的赋存状态可分为多种形式，有固态水、结合水、重力水、毛细管水和水蒸气等。固态水如化学结晶水、冰等，结合水又分为强结合水和弱结合水，重力水即通常所说的自由水。就一般自然状态下的岩石而言，强结合水不会溶解岩石内部的可溶性矿物，亦无导电能力，但其具有较强的弹性、黏滞性及抗剪性能，且在矿物颗粒表面位置较为固定，其含量的多少取决于组成岩石的矿物成分：对于砂岩，强结合水的含量占其总重量的1%左右，而对于一些软岩及黏土，其所占的比例则较砂岩要大得多，且只有当岩石在105℃及其以上的温度环境下其含量才会逐渐减小；而弱结合水在空间位置上则位于强结合水的外部，且为颗粒表面水化膜的主要组成部分,其稳定性比强结合水要弱,为此相对颗粒表面可能发生极为缓慢的移动,然而其不为重力左右,亦即不能传递静水压力;毛细管水则是由水的张力作用存储在岩石微孔隙、裂隙中的水;重力水则是只受重力影响而不受颗粒表面引力作用且能在岩石内部颗粒孔隙间自由流动的水。

4.6.2 砂岩水物理作用效应

4.6.2.1 砂岩水物理作用机制

砂岩水物理作用机制可用图 4-21 表示。

在干湿循环作用过程中水对砂岩的物理作用大致可分为两种途径,即图 4-21 中所标注的 Ⅰ、Ⅱ 两种方式:Ⅰ 即为干湿循环对砂岩矿物颗粒接触面的影响,具体表现为水对其矿物颗粒相互间的接触面及胶结物的润滑和软化作用;Ⅱ 为干湿循环对颗粒表面的影响,由于砂岩矿物颗粒以及胶结物表面存在碎屑物质,在水的作用下,碎屑物质被冲刷、扩散,甚至通过特定通道被转移出来。

Ⅰ 途径对砂岩物理力学性质的影响主要体现在颗粒间接触面摩擦因数、黏聚力的降低,Ⅱ 途径导致岩石内部微观结构发生变化,即使得砂岩矿物粒间孔隙增大,继而产生次生孔隙。

4.6.2.2 砂岩矿物颗粒间作用力讨论

砂岩试样在经干湿循环作用后处于湿润状态进行试验,在有水的情况下,其颗粒间的相互作用模型见图 4-22。在此为了方便对颗粒间的作用力进行阐述,采用了较为理想化的模型,即假定相互接触的颗粒粒径大小相同。

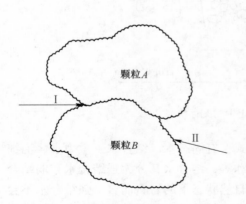

图 4-21 砂岩水物理作用机制示意图
Ⅰ—颗粒接触面;Ⅱ—颗粒表面

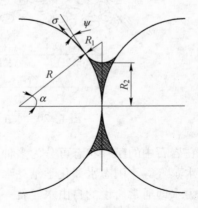

图 4-22 颗粒作用模型示意图
R,R_1,R_2—分别为颗粒的半径、水桥凹面半径和水桥凸面半径;α—钳角,即两颗粒轴向方向与颗粒中心和水桥相切点连线方向的角度;ψ—颗粒与水面的接触角;σ—水表面张力

干燥状态下的砂岩内部没有水，当进行干湿作用时，水逐渐渗入砂岩内部孔隙，同时里面的气体被逐渐排出，颗粒间逐渐形成水桥，此时砂岩内部颗粒间的作用力大致可分为颗粒间的引力、颗粒间嵌入引起的咬合力以及颗粒与水之间的作用力，后者又包括砂岩内部结合水所形成的作用力以及附着水形成的表面张力和毛细管力。

颗粒间的引力可表示为：

$$F_{\mathrm{pp}} = \frac{Gm_1m_2}{R^2} \qquad (4-22)$$

由图 4 - 22 的几何关系可以得到：

$$R_1 = \frac{R(1-\cos\alpha)}{\cos(\alpha+\psi)} \qquad (4-23)$$

$$R_2 = R\sin\alpha - R_1 + R_1\sin(\alpha+\psi) \qquad (4-24)$$

假定毛细管压力系作用于水膜最窄部分的圆形断面上，即图 4 - 22 中对应断面面积 $\pi(R\sin\alpha)^2$，同时由表面张力产生的平行两颗粒轴线方向的分量作用在其所对应的圆周上，即 $2\pi R\sin\alpha$，则此时颗粒与水之间的附着力可表示为：

$$F_{\mathrm{pw}} = \sigma\left(\frac{1}{R_1}-\frac{1}{R_2}\right)\cdot\pi(R\sin\alpha)^2 + \sigma\sin(\alpha+\psi)\cdot 2\pi(R\sin\alpha) \qquad (4-25)$$

整理得：

$$F_{\mathrm{pw}} = 2\pi R\sigma\left\{\frac{[\cos\alpha-1-\sin\psi+\sin(\alpha+\psi)]^2}{2\cos(\alpha+\psi)(1-\cos\alpha)} + \sin\alpha\sin(\alpha+\psi)\right\} \qquad (4-26)$$

据试验数据可知，随着干湿循环次数的加大，砂岩的含水率呈现增长的趋势，砂岩经干湿循环作用后，组成砂岩的矿物体积发生膨胀，颗粒粒径（R）加大，为此颗粒间的引力（F_{pp}）减小；同时由于随着干湿循环次数的加大，砂岩内部的微观结构发生了相应的改变，即体现为矿物颗粒间边界由不规则的锯齿状逐渐趋向圆滑状的过渡，从而使得颗粒间的机械咬合力减小。由杨春和等的研究可知，随着岩石浸泡时间效应的累积，岩样含水率在一定范围内逐渐增大，接触角则随着含水率的增大而减小，从而使得岩石矿物颗粒与水之间的附着力，即毛细管力及表面张力减小；另外由朱效嘉的研究可知，岩石在浸泡过程中，由结合水部分形成的作用力没有明显的变化。为此，综合以上几个作用力的综合变化得出，随着干湿循环次数的加大，砂岩内部矿物发生软化，导致内部颗粒间的黏聚力降低，从而表现为砂岩宏观力学强度的下降。

4.6.3 砂岩水化学损伤机制分析

由砂岩成分可知，其主要由石英、岩屑、长石及相关胶结物组成，其中石英含量所占比例最大，化学性质也最稳定，一般情况下不与水溶液发生相关化学反应；相对来说岩屑的化学性质最不稳定，容易与水中的离子及物质反应继而发生蚀变；长石类矿物的化学性质介于两者之间，其在酸性条件下较容易发生溶解及蚀变。砂岩矿物与水溶液发生反应的本质为水溶液中存在不同类别的正、负离子，因此砂岩在干湿循环过程中，水溶液中结合力相对较强的离子可以把砂岩矿物中的相应离子置换出来，继而使得砂岩局部矿物成分发生改变。基于本书砂岩的矿物组成，长石类矿物较易与水溶液发生相关化学反应，如水溶液和钾长石发生反应，结果为水溶液中的氢离子（H^+）把钾长石里面的钾离子（K^+）置换出来；同理水溶液分别和钠长石及钙长石发生反应，结果为水溶液中的氢离子（H^+）分别把钠长石里面的钠离子（Na^+）及钙长石里面的钙离子（Ca^{2+}）置换出来，继而同时生成新的矿物，即黏土矿物高岭石。本次浸泡砂岩试样所用水的 pH 值经测定为 6 ~ 7，其相应反应方程式如下：

$$2K[AlSi_3O_8] + 2H^+ + H_2O = 2K^+ + 4SiO_2 + Al_2[Si_2O_5][OH]_4$$

$$2Na[AlSi_3O_8] + 2H^+ + H_2O = 2Na^+ + 4SiO_2 + Al_2[Si_2O_5][OH]_4$$

$$Ca[Al_2Si_2O_8] + 2H^+ + H_2O = Ca^{2+} + Al_2[Si_2O_5][OH]_4$$

同时砂岩中的一些胶结物质成分，容易与水溶液发生反应，如云母与水溶液发生反应，结果为水溶液中钠离子（Na^+）把云母中的钾离子（K^+）置换出来，物质结构成分的改变体现为反应前的晶体经反应相应转化为钠长石晶体。相应的化学反应式为：

$$KAl_3Si_3O_{10}[OH]_2 + 6SiO_2 + 3Na^+ = 3NaAlSi_3O_8 + 2H^+ + K^+$$

综上可知，砂岩在干湿循环过程中，组成砂岩的矿物会与水溶液发生溶解、溶蚀等反应，水溶液中部分被吸附到矿物表面的离子会把矿物中的原有离子置换出来，继而使得局部矿物成分发生改变，生成新的矿物。由于次生矿物与原生矿物物质组成的差异性，如两者的分子量、密度等的不同，会使得其所处空间位置及体积大小都会发生相应的变化，从而造成砂岩孔隙率的增大，即有次生孔隙产生。

4.6.4　不同干湿循环条件下的砂岩微观结构分析

由试验所用砂岩矿物测定结果可以得知其主要由石英、岩屑、长石及相关胶结物组成，选取一块代表性的砂岩作为切片专用试样，具体操作为：先对其进行干湿循环操作，当达到指定干湿循环次数后对其进行切片处理，而后在偏光显微镜下对其进行观测，以分析砂岩试样内部微观结构的演变情况。

由透明矿物镜下的光性特征可知，石英镜下特性一般表现为无色、透明、粒状、表面较清洁、无节理；相对来说长石比较容易风化，颗粒表面通常比较浑浊，具有微带浅棕色、呈土状等特性，有节理，在镜下容易与石英区别开来。不同状态下砂岩切片的薄片鉴定显微结构照片见图 4 - 23。从图 4 - 23 中可以看出，自然状态下砂岩颗粒表面较为平滑，颗粒边界轮廓清晰，胶结物均匀致密，见不到明显的缺陷孔隙，长石表面风化程度很小，即只有少许的蚀变孔洞；随着干湿循环次数的增加，颗粒间边界轮廓逐渐淡化，长石表面蚀变孔洞数在一定程度上有增加的趋势，并且原有孔洞也普遍变大，同时颗粒间的孔隙增多且加大，颗粒边界总体看来从开始的清晰不规则逐步向模糊圆滑过渡，同时岩石中的胶结物质也随着干湿循环的累积而逐渐趋于松散。以上过程可以反映砂岩内部微观结构的演化过程以及从微观损伤到宏观缺陷发生发展的过渡过程，亦可反映干湿循环对砂岩的物理、化学以及力学损伤方面的影响作用。

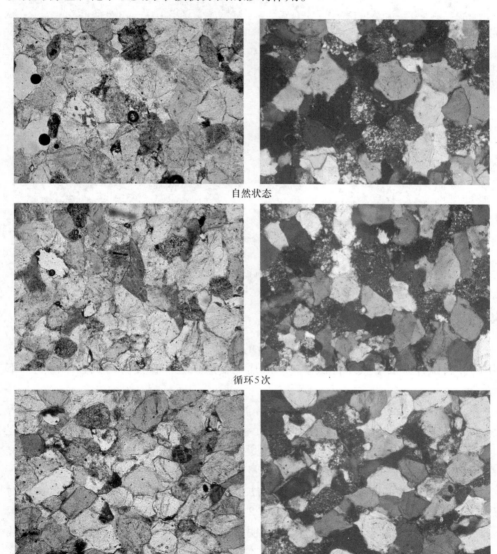

自然状态

循环5次

循环10次

循环20次

循环30次

图 4 - 23 不同干湿循环后砂岩显微结构

4.7 本章小结

本章在对砂岩成分进行 X 衍射分析的基础上，对最大经过 30 次干湿循环作用的砂岩试样开展了吸水性试验、单轴压缩变形试验、直接剪切试验，得到如下结论：

（1）从砂岩的矿物组成可以看出，其主要由石英、长石、岩屑及胶结物等组成，其中石英含量为 80%；长石为无色，表面不洁净，已全部绢云母化、泥化，含量 5% ~ 10%；胶结物为泥、硅质及水云母，含量 10% ~ 15%；岩屑由显微粒状玉髓、微晶石英集合体组成，含量 5%。

（2）砂岩吸水率随干湿循环次数的加大而增加，循环 30 次后的吸水率相对砂岩初始状态下的吸水率增加幅度高达 24.64%，对其进行了总增量、阶段增量及阶段内平均增量的统计，统计结果表明砂岩吸水率增长速率随着干湿循环次数的加大呈现先增加而后减小的趋势，且在干湿循环 10 次后其阶段内平均增量降到了 1% 以下，同时吸水率与干湿循环次数之间存有良好的对数函数关系。

（3）随着干湿循环次数的增加，砂岩单轴抗压强度 σ_c 及弹性模量 E 逐渐减小，循环 30 次比循环 1 次时的值分别下降了 45.75% 和 52.54%，且与干湿循环次数 n 之间具有良好的对数关系；峰值应变 ε_c 虽有波动，但总体上随干湿循环幅度的增加呈现加大的趋势；泊松比 μ 随干湿循环次数的增加未能体现相应的规律，其值基本上在 0.15~0.2 之间波动。

（4）随干湿循环幅度的增加，砂岩脆性破坏特征趋于减弱，相应的塑性破坏特征则有增强的趋势，即存在由脆性向延性转化的特点。

（5）声发射测试表明，随着干湿循环幅度的加大，砂岩在达到破坏载荷时的 AE 累计振铃计数及 AE 累计能量逐步减小，且产生了明显声发射的时间滞后现象。从不同应力应变阶段上进行考察，不同状态下的砂岩在裂隙压密阶段、弹性变形阶段的声发射参数值占试件破坏时总的声发射参数值比例均很小；在裂隙发生和扩展阶段有了较为明显的增加，且声发射能量的增加幅度比振铃计数大；到了裂隙不稳定发展至破坏阶段后，声发射参数值所占比例最大，且具有随着干湿循环次数的增加逐渐减小的趋势。

（6）砂岩抗剪性能会随着法向应力的增加而增大，随着干湿循环次数的增加而降低，而黏聚力和内摩擦角则随干湿循环作用的逐渐深入逐渐减小，且黏聚力的下降幅度较内摩擦角要大，说明黏聚力对干湿循环效应的响应比内摩擦角更加敏感，且黏聚力和内摩擦角与干湿循环次数间可用幂函数进行较好拟合。

（7）随着干湿循环次数的增加，砂岩内部结构有了明显的变化，具体表现为颗粒间边界轮廓逐渐淡化，长石表面蚀变孔洞数亦有增加的趋势，颗粒间的孔隙增多且变大，胶结物质逐渐趋于松散，正是这些微观结构上不断的演化逐渐导致了砂岩在宏观力学性能上的劣化。

参考文献

[1] 中华人民共和国行业标准. 水利水电工程岩石试验规程（SL264—2001）[S]. 北京：中国标准出版社，2001.

[2] 中华人民共和国国家标准. 工程岩体试验方法标准（GB/T 50266—2013）[S]. 北京：中国计划出版社，1999.

[3] 姜永东，阎宗玲，刘元雪，等. 干湿循环作用下岩石力学性质的实验研究 [J]. 中国矿业，2011，20（5）：104~106.

[4] 薛晶晶，张振华. 干湿交替中砂岩强度与波速关系的试验研究 [J]. 三峡大学学报（自然科学版），2011，33（3）：51~54.

[5] 曾胜，李振存，陈涵杰，等. 干湿循环下红砂岩强度衰减规律及工程应用 [J]. 长沙理工大学学报（自然科学版），2011，8（4）：18~23.

[6] 秦世陶，刘蓉，杨喜华. 强风化岩石长期稳定性试验研究 [J]. 中南水利发电，2006（2）：41~48.

[7] 连清旺，柴肇云. 高岭石软岩吸水尺度效应试验研究 [J]. 矿业研究与开发，2011，31 (6)：53~55.

[8] 赵文. 岩石力学 [M]. 长沙：中南大学出版社，2010.

[9] 刘佑荣，唐辉明. 岩体力学 [M]. 武汉：中国地质大学出版社，1999.

[10] 李庶林，尹贤刚，王泳嘉，等. 单轴受压岩石破坏全过程声发射特性研究 [J]. 岩石力学与工程学报，2004，23 (15)：2499~2503.

[11] 张茹，谢和平，刘建锋，等. 单轴多级加载岩石破坏声发射特性试验研究 [J]. 岩石力学与工程学报，2006，25 (12)：2584~2588.

[12] Ganne P, Vervoort A, Wevess M. Quantification of pre - break brittle damage correlation between acoustic emission and observed micro - fracture [J]. International Journal of Rock Mechanics & Mining Sciences, 2007, 44 (5)：720~729.

[13] Masuda A. 原地地应力状态和岩石强度对流体诱发地震活动影响的实验室研究 [J]. 刘希强，译. 世界地震译丛，1995 (2)：24~31.

[14] 龙亦安. 澧水鱼潭坝址岩石岩体纵波速度低值原因浅析 [J]. 水利水电技术，1989 (2)：35~39.

[15] 秦虎，黄滚，王维忠. 不同含水率煤岩受压变形破坏全过程声发射特征试验研究 [J]. 岩石力学与工程学报，2012，31 (6)：1115~1120.

[16] 殷正钢. 岩石破坏过程中的声发射特征及其损伤试验研究 [D]. 长沙：中南大学，2005.

[17] 余贤斌，谢强，李心一，等. 直接拉伸、劈裂及单轴压缩试验下岩石的声发射特性 [J]. 岩石力学与工程学报，2007，26 (1)：137~142.

[18] 谢强，张永兴，余贤斌. 石灰岩在单轴压缩条件下的声发射特性 [J]. 重庆建筑大学学报，2002，24 (1)：19~22.

[19] 许江，吴慧，陆丽丰，等. 不同含水状态下砂岩剪切过程中声发射特性试验研究 [J]. 岩石力学与工程学报，2012，31 (5)：914~920.

[20] 李克钢，侯克鹏，张成良. 饱水状态下岩体抗剪切特性试验研究 [J]. 中南大学学报 (自然科学版)，2009，40 (2)：538~542.

[21] 刘明维，何沛田，钱志雄，等. 岩体结构面抗剪强度参数试验研究 [J]. 重庆建筑，2005 (6)：42~46.

[22] 刘明维，傅华，吴进良. 岩体结构面抗剪强度参数确定方法的现状及思考 [J]. 重庆交通学院学报，2005，24 (5)：65~67.

[23] 杨春和，冒海军，王学潮，等. 板岩遇水软化的微观结构及力学特性研究 [J]. 岩土力学，2006，27 (12)：2090~2098.

[24] 朱效嘉. 软岩的水理性质 [J]. 矿业科学技术，1996 (3)：46~50.

[25] 朱效嘉. 膨胀性软岩 [J]. 矿业科学技术，1997 (1)：26~33.

[26] 刘建，乔丽苹，李鹏. 砂岩弹塑性力学特性的水物理化学作用效应——试验研究与本构模型 [J]. 岩石力学与工程学报，2009，28 (1)：20~29.

5 三轴压缩条件下砂岩的干湿循环效应研究

5.1 引言

干湿交替是自然界普遍存在的一种自然现象,处于自然环境中的岩石都或多或少地会经历降雨吸水和蒸发、温度升高和下降这一反复作用过程,因此,作为水岩相互作用研究领域的重要组成部分,关于岩石在干湿交替作用下力学性质变化规律的研究在近几年越来越受到广大研究人员的重视,也取得了一些比较有意义的成果,如傅晏等进行了微风化砂岩的 15 次干湿循环试验,获得了砂岩抗压抗拉强度及弹性模量均呈下降趋势的结论;姚华彦等开展了经 8 次干湿交替作用后红砂岩单轴和三轴下的强度和变形特性研究,发现岩石各力学指标的总体变化趋势随着干湿交替作用次数增加其降低的幅度逐渐减小,且干湿交替作用使岩石的延性增强;李克钢等通过 15 次和 30 次室内干湿循环试验,分析了砂岩在单轴压缩和剪切条件下的物理力学特性随干湿效应的响应规律;薛晶晶、曾胜等对砂岩在干湿循环作用下的强度劣化、破坏形式及强度与纵波波速的关系等进行了研究与探讨。

不难看出,现有成果多数集中在单轴压缩条件下的岩石物理力学特性变化方面,而针对干湿循环对岩石三轴力学特性影响的研究报道较少,仅傅晏、姚华彦涉及了干燥 - 饱水干湿交替作用后的常规三轴压缩试验研究,但干湿交替均是在较少次数(15 次以下)条件下展开的。因此,为了更深入地掌握岩石三轴抗压强度、变形特性、破坏特征与剪切参数等随干湿循环次数的变化规律,有必要对三轴压缩条件下岩石的干湿循环效应进行更多的试验研究。

5.2 试验概况

本次试验用岩石同样为砂岩,且与第 4 章所用砂岩取自同一地点,完整性较好,无明显可见节理。按照规范要求,将所取岩样加工成直径 50mm、高度 100mm 的标准圆柱体试件。所用的加载设备同样为 TAW-2000D 微机控制电液伺服岩石三轴试验机,1 次干湿循环的认定亦与前述相同,即将"岩样放入烘箱中以 50℃温度烘 12h,待岩样冷却至室温,再将岩样放入水中浸泡 48h"定义为 1 次干湿循环。

选取干湿循环 0 次(天然)、1 次、5 次、15 次、30 次和 50 次为关键试验点,分别对其进行不同围压(2MPa、6MPa、10MPa)下三轴压缩变形试验,加载过程中采用变形控制方式，加载速率为 0.02mm/min。

5.3　试验结果分析

从三轴试验结果来看，干湿循环对砂岩的影响是显著的，且砂岩试样强度的围压效应随着干湿循环次数的增多呈下降趋势，表 5-1 为不同围压及不同干湿循环次数下砂岩的三轴压缩试验结果。

表 5-1　不同围压及不同干湿循环次数下砂岩三轴压缩试验结果

干湿循环次数 n	围压/MPa	抗压强度/MPa	弹性模量/GPa	c/MPa	φ/(°)
0	2	110.02	26.71	13.86	56.29
	6	174.54	24.78		
	10	185.97	30.97		
1	2	96.81	18.38	12.75	54.66
	6	147.38	8.99		
	10	173.21	28.06		
5	2	95.50	23.79	13.44	52.57
	6	133.66	24.94		
	10	165.11	28.95		
15	2	71.39	9.11	7.89	56.24
	6	122.87	31.51		
	10	157.22	11.34		
30	2	75.67	13.86	6.75	55.29
	6	89.28	9.25		
	10	148.88	20.88		
50	2	59.80	5.81	6.21	54.06
	6	90.87	9.88		
	10	135.12	15.48		

5.3.1　干湿循环对砂岩三轴抗压强度的影响

不同围压下砂岩抗压强度与干湿循环次数关系曲线见图 5-1。

从图 5-1 中可看出：

（1）干湿循环作用会使砂岩的三轴抗压强度明显下降，且存在干湿作用初期弱化程度大，随着循环次数的增加，劣化程度逐渐减弱的趋势。

（2）同一干湿循环次数下，砂岩的抗压强度均随围压的增大而增大，但增加的幅度却不尽相同，整体上来看，干湿循环次数越多，三轴抗压强度的增幅越

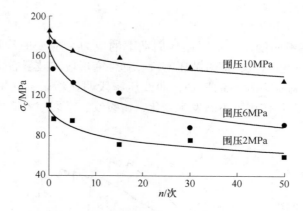

图 5-1 不同围压下砂岩三轴抗压强度随干湿循环次数变化曲线

大，说明围压越大，对岩石强度增加的贡献作用越大。

（3）围压一定时，三轴抗压强度都会随干湿循环次数的增加而逐渐减小，且下降幅度存在逐渐减小的趋势，当围压分别为 2MPa、6MPa 和 10MPa 时，干湿循环 50 次时的三轴抗压强度比 0 次（天然状态）分别下降了 45.64%、47.94% 和 27.34%。

（4）从曲线变化规律上看，三轴抗压强度最终都会逐渐与横轴趋于平行，即强度不会无限制地减小为 0，而是会以某一干湿循环下的值为最终状态发展。

（5）经拟合分析，砂岩三轴抗压强度与循环次数之间具有明显的对数函数关系，其表达式可用式（5-1）表示：

$$\sigma_c(n) = A\ln(n+1) + B \quad (n \leqslant 50) \tag{5-1}$$

式中　n——干湿循环次数；

　A，B——常数。

针对不同的围压，常数 A、B 并不相同，结合本次三轴试验，不同围压下的 A、B 列于表 5-2。

表 5-2　不同围压下回归方程 A、B 系数值

围压/MPa	A	B	R^2
2	-11.61	109.28	0.896
6	-20.70	169.97	0.993
10	-11.35	184.77	0.949

5.3.2　干湿循环对砂岩变形特性的影响

图 5-2 为不同干湿循环次数下（0 次、5 次、30 次、50 次）砂岩试样的三

轴压缩应力－应变关系曲线。

从图 5－2 中可以看出：

（1）岩样在不同围压、不同循环周期下的应力－应变曲线形态基本一致，大致可归纳为三阶段特征，即裂隙压密段、弹性变形段和破裂后阶段。

（2）随着干湿循环次数的增加，曲线压密段明显增长，这主要是因为岩样颗粒骨架结构在循环作用下不断发生变化，微裂纹、微裂隙不断发展，孔隙率不断变大的结果。

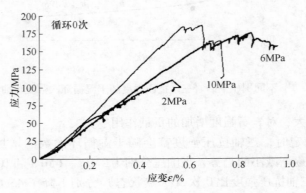

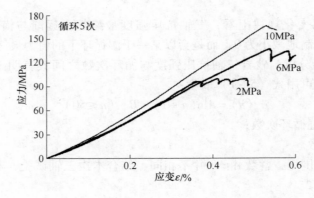

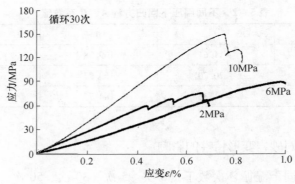

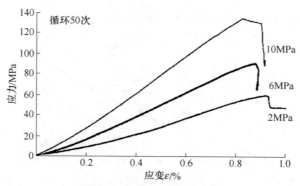

图 5-2　不同干湿循环次数砂岩典型应力 - 应变曲线

（3）当干湿次数较少时（如循环 0 次、5 次），不同围压下岩样的峰前曲线基本重合，弹性模量变化不大，而随着循环次数的增加，各围压下峰前曲线离散程度加大，弹性模量表现出明显的"围压"效应。

（4）干湿循环作用的增强会大大削弱岩石抵抗变形的能力，弹性模量明显减小，岩石"变软"趋势显著。

图 5-3 和图 5-4 分别为砂岩弹性模量与干湿循环次数和围压关系曲线图。

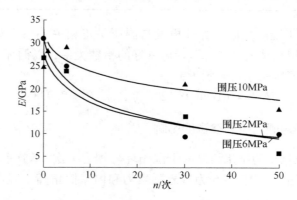

图 5-3　弹性模量与干湿循环次数变化关系曲线

从图 5-3 和图 5-4 中可以看到：

（1）在相同围压下，弹性模量与干湿循环次数呈负相关关系，即随着干湿效应的增大，砂岩弹性模量均呈下降趋势，且降低幅度亦呈现先大后小的变化规律，二者可用对数函数关系表示：

$$E(n) = C\ln(n+1) + D \quad (n \leqslant 50) \qquad (5-2)$$

式中　n——干湿循环次数；

　　C,D——常数。

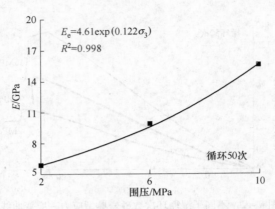

图 5 - 4　砂岩弹性模量与围压变化关系曲线

本次三轴试验不同围压下的 C、D 见表 5 - 3。

表 5 - 3　不同围压下回归方程系数值

围压/MPa	C	D	R^2
2	-5.01	29.01	0.803
6	-5.96	32.39	0.915
10	-3.90	32.94	0.753

（2）在相同干湿次数时，弹性模量与围压呈正相关关系，即随着围压的增大砂岩弹性模量越来越大，二者呈现出良好的指数关系，以循环次数 $n = 50$（图 5 - 4）为例，其函数关系可表示为：

$$E_e = 4.61\exp(0.122\sigma_3), \qquad R^2 = 0.998 \qquad (5-3)$$

5.3.3　干湿循环对砂岩抗剪参数的影响

图 5 - 5 是根据试验结果绘制的干湿循环分别为 1 次、5 次和 50 次时的莫尔应力圆及强度包络线，图 5 - 6 为砂岩黏聚力和内摩擦角随干湿循环的变化关系曲线。

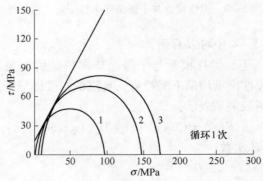

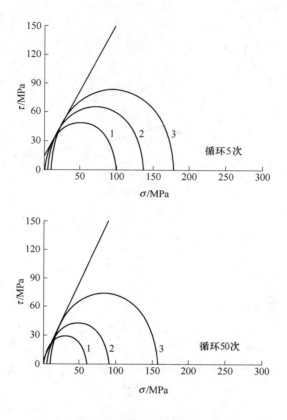

图 5－5　不同干湿循环效应时的抗剪强度曲线

1—围压 2MPa；2—围压 6MPa；3—围压 10MPa

本次试验结果表明：

（1）随着干湿循环次数的增加，黏聚力 c 明显减小，当干湿循环次数 $n = 50$ 时，黏聚力减小到最小值 6.21MPa，相比 $n = 0$ 时的 13.86MPa，降低幅度为 55.19%。分析后认为：由于黏聚力 c 反应的是岩石颗粒间自身的咬合力，在反复干湿风化作用下，岩石颗粒出现物理、化学及力学上的损伤，颗粒间的内部黏结程度不断下降，进而导致黏聚力越来越小。通过回归，二者之间可用对数函数表示：

$$c = -2.14\ln(n+1) + 14.63(n \leqslant 50), \qquad R^2 = 0.833 \qquad (5-4)$$

（2）就内摩擦角而言，并未表现出与黏聚力相似的变化规律，而是呈现一种先急剧减小再增大再缓慢减小的波动现象，即在某一次干湿次数时出现了一个拐点，这一点与直剪试验结果不太一致，分析后认为外界条件的改变（反复干湿

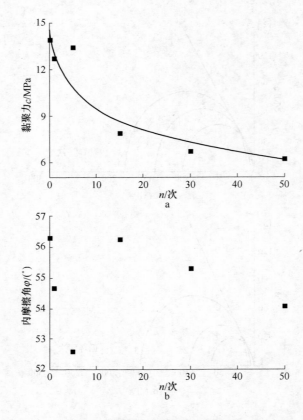

图 5 - 6　砂岩抗剪参数随干湿循环次数 n 变化图

循环作用、加载到破坏受力方式的不同）作用在本身具有离散性的岩石上，使得岩石破坏机理与破坏方式发生了改变，进而引起岩石剪切参数在宏观数值上的差异。

（3）总体上看，干湿循环对黏聚力的影响要比内摩擦角大，即黏聚力对干湿效应的反应比内摩擦角要更敏感，这一点和已进行的大量试验结果一致。

5.3.4　干湿循环对砂岩破坏特征的影响

岩石的破坏形态可分为脆性破坏和延性破坏，图 5 - 7 为不同循环次数时部分砂岩的宏观破坏形式。通过观察试验中及试验后岩样的破坏特征，发现在干湿作用程度较小时，试样的破碎程度相对较高，破坏时会发出较为清脆的破裂声，表面多呈一条或数条垂直裂隙（图 5 - 7a），这时更多地表现为脆性破坏；随着干湿循环次数的增加，岩样的破裂面逐渐变成斜面，即与轴向力方向形成一定的角度（图5 - 7b),开始呈现剪切破坏特征，说明脆性破坏特征开始削弱；随着干湿效应的继续增强，岩石破坏后出现一条更为明显的贯通性破裂面，且破裂面宽度更宽并有摩擦痕迹及粉末状颗粒掉落（图 5 - 7c），这时延性破坏特征愈加明显。

以上情况说明，干湿效应会使砂岩的破坏形式呈现脆 - 延转化的变化规律。以本次试验为例，干湿循环 10 ~ 15 次之前，试件以脆性破坏为主，在 10 ~ 15 次之后，延性破坏占主导，说明在该状态时岩石颗粒间的微观结构开始变化，进而导致岩石破坏形态的改变。

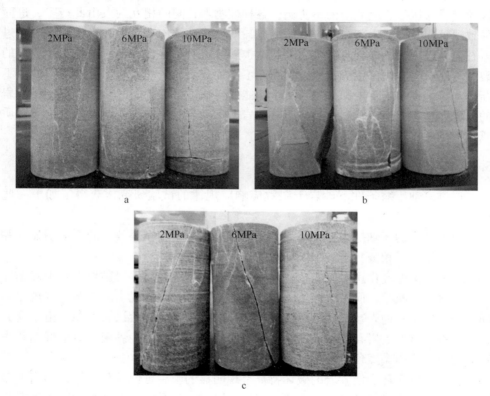

图 5 - 7　不同干湿循环次数时砂岩典型的宏观破坏形式
a—干湿循环 5 次；b—干湿循环 15 次；c—干湿循环 50 次

5.4　讨　论

由于岩样取自天然岩体，本身具有不均匀性，再加上试件加工精度、端部效应等因素的影响，势必会引起试验数据的偏差和离散，进而对试验结果产生影响。纵然如此，本次关于干湿循环效应下砂岩三轴力学特性的试验研究结果仍具有一定的规律性。

砂岩内部含有不同程度的节理和裂隙，组成砂岩的颗粒结合得亦不是十分紧密，围压的存在使得岩石内部的空隙和裂隙得到压密和减小，颗粒间的接触关系得到改善，摩擦特性得到增强，宏观力学性质得到优化。然而，在干湿循环作用下，砂岩内部这些较大的孔隙结构却成为影响其力学性质的不利因素，一方面，水经这些渗流通道在内部颗粒间不断流动，使岩石颗粒间的结合力减弱、摩擦力下降，另一方面，经反复加温－冷却后的岩样又承受着受热膨胀、遇水收缩的考验，由于砂岩中各矿物颗粒的热膨胀率和收缩率不同，又会引起不同颗粒本身及颗粒周界膨胀、收缩效应的不协调，各种矿物颗粒间的相互约束由此产生，进而导致颗粒间及颗粒内部拉压应力的形成，即风化性结构内应力。当该种应力超过岩石强度极限时，新裂隙产生、原裂隙扩展，随着干湿交替的不断作用，更多的裂隙不断在岩石内部生成，原有裂隙亦不断加宽贯通，使岩石试件的力学性质不断下降，表现在宏观上即是岩石力学性能的劣化。虽然围压的存在可以改善砂岩的力学性质，但由于干湿交替作用对砂岩力学性质的损伤更大，其宏观力学性质总体上呈劣化趋势。

5.5　本章小结

通过三轴压缩条件下砂岩干湿效应响应规律的试验研究，获得了如下一些结论：

（1）砂岩的三轴抗压强度、弹性模量受围压及干湿循环效应的影响明显，并分别与围压呈正相关、与干湿循环次数呈负相关关系。

（2）干湿循环作用对砂岩抗剪参数的影响程度不同，砂岩黏聚力随干湿循环效应的增强而减小，而内摩擦角的变化则与直剪试验时表现出的单调递减规律不同，呈现出了一种先减小再突然增大再减小的特点，分析后认为可能是由于受力方式的不同再加上岩石的离散性等因素引起，但总的来说，黏聚力对干湿循环作用的响应要比内摩擦角更敏感。

（3）干湿循环会使砂岩的破坏特征呈现明显的脆－延性转化规律，即当干湿次数较少以脆性破坏为主，而随着干湿循环次数的增大，延性破坏特征越发明显。综合本次及前期试验，干湿循环10次左右应该是砂岩破坏特征发生转化的节点。

参考文献

[1] 傅晏，刘新荣，张永兴，等. 水岩相互作用对砂岩单轴强度的影响研究 [J]. 水文地质工程地质，2009，36（6）：54～58.
[2] 傅晏. 干湿循环水岩相互作用下岩石劣化机理研究 [D]. 重庆：重庆大学，2010.
[3] 姚华彦，张振华，朱朝辉，等. 干湿交替对砂岩力学特性影响的试验研究 [J]. 岩土力学，2010，31（12）：3704～3708.

［4］李克钢，吴勇，郑东普．砂岩力学特性对干湿循环效应响应规律的试验研究［J］．北京理工大学学报，2013，33（10）：1010～1014.

［5］薛晶晶，张振华．干湿交替中砂岩强度与波速关系的试验研究［J］．三峡大学学报（自然科学版），2011，33（3）：51～54.

［6］薛晶晶，张振华，姚华彦．干湿循环条件下两种砂岩强度及破坏特征比较试验研究［J］．水电能源科学，2011，29（11）：107～110.

［7］曾胜，李振存，陈涵杰，等．干湿循环下红砂岩强度衰减规律及工程应用［J］．长沙理工大学学报（自然科学版），2011，8（4）：18～23.

［8］姜永东，阎宗玲，刘元雪，等．干湿循环作用下岩石力学性质的实验研究［J］．中国矿业，2011，20（5）：104～110.

［9］秦世陶，刘蓉，杨喜华．强风化岩石长期稳定性试验研究［J］．中南水利发电，2006（2）：41～48.

［10］邓华锋，李建林，朱敏，等．饱水－风干循环作用下砂岩强度劣化规律试验研究［J］．岩土力学，2012，33（11）：3306～3312.

［11］尹宏磊，徐千军，李仲奎．抗剪强度随干湿循环变化对边坡安全性的影响［J］．水利学报，2008，39（5）：568～573.

［12］徐千军，陆杨．干湿交替对边坡长期安全性的影响［J］．地下空间与工程学报，2005，1（6）：1021～1024.

［13］中华人民共和国住房和城乡建设部．工程岩体试验方法标准［S］．北京：中国计划出版社，2013.

［14］赵文．岩石力学［M］．长沙：中南大学出版社，2010.

［15］刘新荣，傅晏，王永新，等．水岩相互作用对库岸边坡稳定的影响研究［J］．岩土力学，2009，30（3）：613～616.

6 考虑干湿循环效应的岩石损伤本构关系研究

6.1 引言

损伤是指在各种外部条件的改变或作用之下，材料中的微裂隙、微孔洞等缺陷不断发生、发展引起材料或结构的劣化过程。宏观的损伤理论把包容各种缺陷的材料机体笼统地看成是一种含有"微损伤场"的"连续"介质，并把这种微损伤的形成、生长、传播和聚结看作是"损伤演变"的过程，是把"损伤"作为物质细观结构的一部分引入连续介质的模型。天然岩石在形成之时便有孔隙和空洞，这种天然缺陷可视为一种损伤，由前述试验结果可知，干湿循环作用下，岩石强度和变形参数均会随着循环次数的增加而下降，说明干湿循环过程是特殊环境影响下的一个劣化过程，该过程的物理本质是通过水不断的侵蚀作用使岩石内部的"缺陷"加剧。

本章在前述砂岩干湿循环试验结果的基础上，借助于连续损伤力学、统计理论以及神经网络理论，对岩石的损伤本构关系进行描述。其中，干湿循环损伤可直接耦合到统计损伤本构模型中，通过岩石微元强度的 Weibull 分布建立损伤演化方程，推导砂岩在干湿循环作用下的损伤本构方程，并与试验记录的应力－应变曲线进行对比分析。

6.2 受干湿循环效应影响的岩石损伤统计本构模型研究

岩土材料强度和变形之间的关系是岩土、采矿、交通、水利等工程领域一直十分关注的问题，亦是充分掌握岩土材料力学特性非常重要的研究内容之一，而损伤力学是解决岩土类材料强度和变形的重要手段之一。目前，岩石材料损伤力学研究的方法主要有两种基本思路：一种是从岩石微元强度服从某种随机分布的事实出发，建立损伤变量和应力、应变之间的关系，从而建立岩石本构关系来模拟试验结果，目前常用的手段是根据 Weibull 统计分布理论，假设损伤参量服从 Weibull 分布，进而导出岩石损伤方程；另外一种是以实际的试验数据为基础，假设岩石材料在荷载作用下的应力－应变关系与损伤变量之间服从某种条件关系，再用该假设的模型来模拟试验后所得的应力－应变关系，从而建立损伤本构模型。不难看出，以试验结果的假设去模拟岩石的理论状态，或者说，以假设去验证假设显然是不够合理的，因此，相较第二种方法而言，基于第一种方法所得结果应更加合理。在此，本节以第 4 章力学试验为基础，采用目前最为常用的 Weibull 分布概率模型分析建立不同干湿循环作用下砂岩的损伤统计本构模型。

6.2.1　损伤统计市构模型的建立

　　法国学者 Lematre 提出了应变等价性假说，即损伤材料（$D \neq 0$）在有效应力作用下产生的应变与同种材料无损（$D = 0$）时发生的应变等价，换言之，受损材料的应变本构关系可以从无损时的本构方程导出，且只需将无损材料的名义应力 $[\boldsymbol{\sigma}]$ 替换为损伤后的有效应力 $[\boldsymbol{\sigma}^*]$ 即可，即通常所谓的 Cauchy 应力。据此，根据应变等价假说可以得出岩石材料的损伤本构关系为：

$$[\boldsymbol{\sigma}] = [\boldsymbol{\sigma}^*](1 - D) = [\boldsymbol{C}][\boldsymbol{\varepsilon}](1 - D) \tag{6-1}$$

式中　$[\boldsymbol{\sigma}]$——名义应力矩阵；

　　$[\boldsymbol{\sigma}^*]$——有效应力矩阵；

　　$[\boldsymbol{C}]$——材料的弹性矩阵；

　　$[\boldsymbol{\varepsilon}]$——应变矩阵；

　　　D——损伤变量。

　　岩石是一种非均质、不连续的复杂多孔材料，其内部存在着多种随机分布的天然缺陷，且不同缺陷之间的力学性质也有很大的差异。因此，可以认为岩石强度是一个受岩石中矿物成分比例、含水量大小、胶结物性质、晶粒大小、缺陷分布等多种因素综合作用的随机变量。由于这些不同因素间相互独立且具有某种统计规律，所以，岩石强度亦可以用统计分布规律来描述。在此，假设岩石强度服从 Weibull 分布，其概率密度函数为：

$$P(\varepsilon) = \frac{m}{F}\left(\frac{\varepsilon}{F}\right)^{m-1} \exp\left[-\left(\frac{\varepsilon}{F}\right)^m\right] \tag{6-2}$$

式中　ε——岩石材料的应变量；

　m，F——Weibull 分布参数，用以表征材料的物理力学性质，反映材料对外部载荷的不同响应特征。

　　岩石类材料的损伤是由于岩石内部微元体的破坏所引起。在此将岩石中发生破坏的微元体数 N_ε 占微元数总数 N 的比例定义为岩石统计损伤变量 D，即：

$$D = \frac{N_\varepsilon}{N} = \frac{\int_0^\varepsilon NP(x)\,\mathrm{d}x}{N} = \frac{N\left\{1 - \exp\left[-\left(\dfrac{\varepsilon}{F}\right)^m\right]\right\}}{N}$$

$$= 1 - \exp\left[-\left(\frac{\varepsilon}{F}\right)^m\right] \tag{6-3}$$

　　假设岩石材料的损伤是各向同性的，当岩石材料受外部载荷作用在宏观裂隙出现之前局部出现的微裂隙已经影响到了它的力学性质，根据连续介质损伤力学理论可得如下本构关系：

$$\sigma = \sigma^* (1 - D) = E\varepsilon(1 - D) \tag{6-4}$$

式中　E，ε——分别为无损岩石的弹性模量和应变。

将式（6-3）代入式（6-4），则岩石单轴压缩状态下的轴向应力-应变关系为：

$$\sigma = E\varepsilon(1 - D) = E\varepsilon\exp\left[-\left(\frac{\varepsilon}{F}\right)^m\right] \tag{6-5}$$

式（6-5）中的参数 m 和 F 可以通过抗压强度试验中应力-应变曲线的峰值强度点 $c(\varepsilon_c, \sigma_c)$ 进行确定。

由于应力-应变曲线峰值强度点 $c(\varepsilon_c, \sigma_c)$ 处的斜率为 0，故有：

$$\frac{\mathrm{d}\sigma}{\mathrm{d}\varepsilon}\bigg|_{\varepsilon=\varepsilon_c} = E\left[1 - m\left(\frac{\varepsilon_c}{F}\right)^m\right]\exp\left[-\left(\frac{\varepsilon_c}{F}\right)^m\right] = 0 \tag{6-6}$$

同时，峰值强度点 $c(\varepsilon_c, \sigma_c)$ 处的峰值强度 σ_c 值满足关系式：

$$\sigma_c = E\varepsilon_c\exp\left[-\left(\frac{\varepsilon_c}{F}\right)^m\right] \tag{6-7}$$

由式（6-6）、式（6-7）整理可得：

$$m = \frac{1}{\ln\left(\dfrac{E\varepsilon_c}{\sigma_c}\right)} \tag{6-8}$$

$$F = \varepsilon_c\left[\frac{1}{\ln\left(\dfrac{E\varepsilon_c}{\sigma_c}\right)}\right]^{\ln\left(\frac{\sigma_c}{E\varepsilon_c}\right)} \tag{6-9}$$

将等式（6-9）代入式（6-3）可得：

$$D = 1 - \exp\left[-\frac{1}{m}\left(\frac{\varepsilon}{\varepsilon_c}\right)^m\right] \tag{6-10}$$

式（6-10）即为岩石在载荷作用下的统计损伤演化方程，由式（6-10）及式（6-8）得知，岩石损伤变量 D 只与岩石的应变、峰值应变、弹性模量及强度有关。通过整理得到最终的岩石损伤统计本构关系见式（6-11）。

$$\sigma = E\varepsilon\exp\left[-\frac{1}{m}\left(\frac{\varepsilon}{\varepsilon_c}\right)^m\right] \tag{6-11}$$

式中　E——弹性模量；

　　　ε_c——峰值应变；

　　　m——岩石的形状参数。

因此，要建立考虑干湿循环效应的岩石损伤统计本构关系，通过建立 E、ε_c 及 m 与干湿循环次数之间的联系即可实现，根据前文的试验结果，E（$\times 10^4 \text{MPa}$）、ε_c（$\times 10^{-2}$）及 m 与干湿循环次数之间存在如下函数关系：

$$E(n) = -0.322\ln n + 2.0743 \, (n \geq 1), \qquad R^2 = 0.9949 \tag{6-12}$$

$$\varepsilon_{\mathrm{c}}(n) = -0.0001n^2 + 0.0149n + 0.4029 \, (n \geq 1), \qquad R^2 = 0.9321 \tag{6-13}$$

$$m(n) = -0.0032n^2 - 0.0277n + 5.547 \, (n \geq 1), \qquad R^2 = 0.9748 \tag{6-14}$$

将上述三式代入式（6-11），便可建立考虑干湿循环效应的岩石损伤统计本构方程：

$$\sigma = (-0.322\ln n + 2.074)\varepsilon \cdot \exp\left[\frac{1}{0.0032n^2 + 0.0277n - 5.547} \cdot \right.$$

$$\left. \left(\frac{\varepsilon}{-0.0001n^2 + 0.0149n + 0.4029}\right)^{-0.0032n^2 - 0.0277n + 5.547}\right] \tag{6-15}$$

6.2.2 本构模型的试验验证

以第4章的试验结果为基础，建立考虑干湿循环效应影响的岩石损伤统计本构模型。图6-1为部分试验点砂岩损伤统计本构关系理论与实际应力-应变曲线的对比图，可以看出，理论曲线可以较好地拟合试验所得的全应力-应变过程曲线。由于试验曲线均出现了不规则的拐点，可能是受岩石性质及岩样端面加工精度不高的影响；另外，对初始压密段具有明显上凹特征的曲线来说，如何能更好地将初始压密段的非线性特征表示出来也一直是本构关系建立中的难点，在今后的研究中，重点还应放在初始压密段和峰后段的建立上。同时，许江等关于Weibull分布参数 m 和 F 的讨论认为，当其他参数和条件不变时，不同 m 值对应的岩石本构模型理论曲线形状差异较大，即 m 值反映了岩石应力-应变曲线的形状。总的来说，本模型基本上能反映岩石在不同干湿循环作用下的应力-应变过程，对工程分析及设计有一定的参考作用。

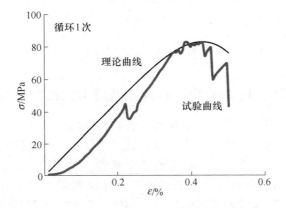

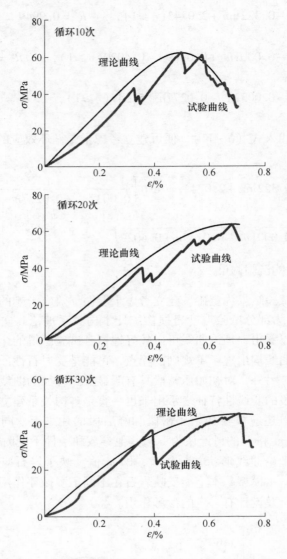

图 6-1　不同循环作用下砂岩应力-应变曲线对比

6.3　受干湿循环效应影响的岩石神经网络本构模型研究

众所周知，岩石是非均质、非连续、各向异性的复杂体，其力学行为受到地质构造、地应力、水、温度、压力、开挖施工乃至水化学腐蚀的影响，因而大多具有高度非线性，并伴有大量不确定性（随机性、模糊性、信息不完全性和未知性）。在这种复杂环境影响下，岩石的变形破坏机理多半是不清楚的，这就使得前人提出的许多岩石本构模型不够准确，不能满足实际工程的需要。随着岩石力学的发展和工程应用的需要，人们对岩石本构关系的准确性要求越来越高。因此，岩石的本构模型的问题已经成为现代岩石力学理论分析、数值模拟与工程应用的"瓶颈"问题。岩石工程类型、规模和复杂程度的日益增加迫切需要提出新的研究思路和有效的分析手段。

传统岩石本构模型的建立方法是，一般从实验室或现场试验测得一些有关岩石力学性质的数据，然后从这些试验数据中归纳出材料的一些重要的变形特性和破坏机制，经过对此试验分析比较最后确定材料的主要力学性质和变形机制，在相关数学力学假设条件下，对复杂材料进行简化，建立一个计算模型。这种传统的建模过程中所进行的假设以及对材料的简化反映了对岩石材料的认识局限于较理想化的范围，并且对计算结果的影响到底有多大至今没有一个有效的理论判据。因此归结起来传统岩石本构模型的建立存在以下几个问题或者困难：（1）本构模型建立在许多假设条件基础之上，这些假设必然使得最后得到的本构模型在不同程度上存在脱离实际之处；（2）岩石本构模型是在特定实验条件下建立的，不可能考虑到实际工程所处的环境的复杂多变性；（3）理论公式推导中所需的待定参数较多，有些参数对试验条件提出了很高的要求，甚至部分参数在有限的条件下根本无法获取；（4）岩石的应力－应变关系内涵丰富，反映了岩石较多的复杂性质，其关系具有高度非线性和目前条件下的不确定性。因此采用定性的数学、力学表达式很难根据有限的信息寻求描述实际岩石的复杂特性的数学函数及相应的参数。

据此，可以得到这样的认识结论：实际工程中岩石的本构模型很难完全用精确的数学表达式来准确描述。随着神经网络的兴起，为此提供了全新的思维方式和研究手段。美国伊利诺斯州立大学 Ghaboussi 教授率先进行材料的神经网络本构模型的研究，在试验的基础上建立了混凝土的神经网络本构模型，开启了用神经网络建立复杂材料本构模型来代替传统的数学建模方法的时代。神经网络等智能科学的建模不追求确定的数学表达式，而是用一个复杂的关系结构来描述非线性关系，在实际工程中的成功案例表明其有很好的适用性。因此，本节将借助人工神经网络的方法建立考虑干湿循环作用影响的砂岩本构模型。

6.3.1 人工神经网络的基市原理和方法

人工神经网络（neural networks，简称 NN）在 20 世纪 80 年代中期得到了飞速的发展。1982 年美国加州州立理工学院物理学家 Hopfield 教授提出了 Hopfield 人工神经网络模型，他将能量函数的概念引入人工神经网络，并给出了稳定性的判据，开拓了人工神经网络用于联想记忆和优化计算的新途径。

神经网络是由大量的、简单的非线性单元——神经元广泛地相互连接而形成的复杂网络系统，它抽象和模拟了人脑的结构和功能的许多基本特征，具有高度复杂的非线性映射能力。近年来，神经网络在模拟人类认知的道路上更加深入发展，并与模糊系统、遗传算法、进化机制等结合，形成计算机智能，成为人工智能的一个重要方向，并在众多领域表现出很好的适用性。其中人工神经网络以其处理不确定信息的优越性得到了广泛应用。本节内容主要介绍神经网络技术的基本原理，为本书的研究提供理论指导。

6.3.1.1 神经网络结构

人工神经网络是建立在现代神经科学研究成果的基础上，按照人脑基本功能特性，通过模拟生物神经系统的功能或结构而发展起来的一种新型信息处理系统。它不是生物真实神经系统的复制，而仅是其数学抽象及粗略的逼近和模仿。从本质上来说，这是一类由大量基本信息处理单元通过广泛连接构成的动态信息处理系统。所谓神经网络的结构主要是指它的连接方式。图 6－2 为一般化的神经网络结构示意图，它由输入层、输出层和隐含层构成，他们之间是通过构成每层的基本单元神经元来联系的。每个神经元都是通过模拟生物细胞传递信息运行机制精心设计的计算模型，具有和人脑基本相似的硬件结构，也注重心理学和认知现象的概括行为，因此神经网络具有自己一些独特的信息处理能力。

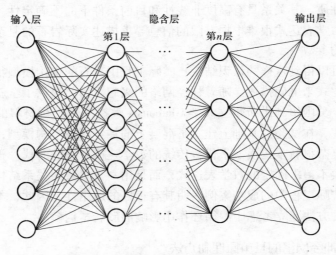

图 6－2　一般化的神经网络结构示意图

6.3.1.2 神经元的一般模型

神经元是人工神经网络最基本的组成单元，是一种抽象的数学模型。图 6－3 是当前最流行的神经元模型。神经元并不是高度复杂的中央处理器，它只执行一些非常简单的计算任务，实际上就是一个多输入单输出的非线性处理器，在网络中用圆圈表示。它包括输入区、处理区和输出区三部分，输入区接收沿输入加

权连接 w_{ij} 输入的信号 x_{ij} （$j=1$，2，$\cdots$，m），将所有输入信号以一定的规则综合成一个总输入值 O_i，最常见的综合规则（输入函数）是"加权和"——$\sum\limits_{j=0}^{n} w_{ij}x_j$。处理区根据总输入计算它目前的状态，经活化规则（活化函数 $f(g)$）处理后得到神经元的当前活化值 y_i，神经网络的非线性主要就表现为神经元活化函数的非线性。输入区的功能是根据当前的活化值确定出该单元的输出值并沿着输出连接传给其他神经元，转换规则称为输出函数，一般取恒同函数。

　　根据活化函数 $f(g)$ 的选择不同，神经元表现出不同的非线性特性，常见的有阈值型（图 6-4a）、子域累积型（图 6-4b）、线性饱和型（图 6-4c）、S 形（图 6-4d）等。

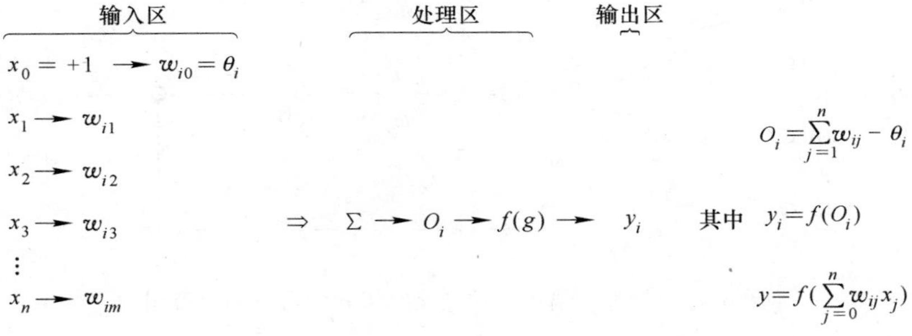

输入区　　　　　　　处理区　　　输出区

$x_0 = +1 \longrightarrow w_{i0} = \theta_i$

$x_1 \longrightarrow w_{i1}$

$x_2 \longrightarrow w_{i2}$　　　　　　　　　　　　　　$O_i = \sum\limits_{j=1}^{n} w_{ij} - \theta_i$

$x_3 \longrightarrow w_{i3}$

$\vdots$　　　　$\Rightarrow$　$\Sigma \longrightarrow O_i \longrightarrow f(g) \longrightarrow$　y_i　其中　$y_i = f(O_i)$

$x_n \longrightarrow w_{im}$　　　　　　　　　　　　　　　　　$y = f(\sum\limits_{j=0}^{n} w_{ij}x_j)$

图 6-3　一般神经元数学模型

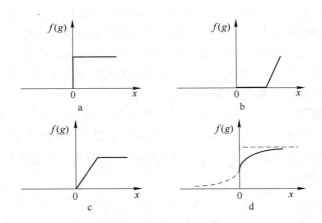

图 6-4　神经元非线性活化函数
a—阈值型；b—子域累积型；c—线性饱和型；d—S 形

6.3.1.3 神经网络的自学习

神经网络之所以被称为"智能网络",这是因为它有着最突出的自学习功能,自学习的关键环节就是知识的获取与储存。神经网络中知识是通过网络拓扑结构和权值矩阵储存的,知识的获取就是通过某种规则调整网络拓扑结构和权值矩阵,使得网络中那些导致"正确解答"的神经元之间的连接被增强,而那些产生"错误解答"的神经元之间的连接减弱。类似于人类的学习方式,通过样本进行学习是神经网络的主要学习方式,称为有指导学习。图 6 – 5 以单个神经元为例给出了有指导学习的基本过程。学习样本通常由一组输入和期望输出对组成,从事先假定的初始权值开始,对样本的输入计算输出 $y_k(n)$,与期望输出比较得到误差 $e_k(n)$,由此误差按某种算法来调整各权系数,这一过程往往需要多次迭代完成。

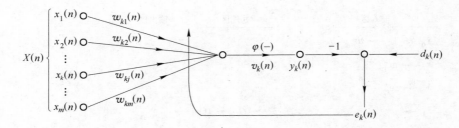

图 6 – 5 神经网络单个神经元有指导学习过程示意图

6.3.2 BP 神经网络

BP 神经网络是一种按误差反向传播学习算法训练的多层前馈网络,是目前应用最广泛的神经网络模型之一,这种反向传播算法由正向传播和反向传播两个过程组成。输入层信息经隐含层最后传至输出层,如果输出层得不到期望输出结果,则进行误差计算,跟踪数据来源并按误差结果的偏差修改神经元之间的连接权值,使得新的输出数据与期望输出误差减小。

设定 BP 神经网络如图 6 – 6 所示,共有 m 层,输入层节点数为 n,输出层节点数为 n_m,第 k 层的节点数为 n_k,$O_i^{(k)}$ 表示第 k 层节点 i 的输出,$x_i^{(k)}$ 表示第 k 层节点 i 的输入,从第 $k-1$ 层的节点 j 到第 k 层的节点 i 的连接权值为 $w_{ij}^{(k)}$,设活化函数为 f,则:

$$x_i^{(k)} = \sum_{j=0}^{n_{k-1}} w_{ij}^{(k)} O_j^{(k-1)}$$

$$O_i^{(k)} = f(x_i^{(k)}) = f\left(\sum_{j=0}^{n_{k-1}} w_{ij}^{(k)} O_j^{(k-1)}\right)$$

式中，$i = 1，2，\cdots，n_k$，n_k 为第 k 层节点总数，$k = 2，3，\cdots，m$。

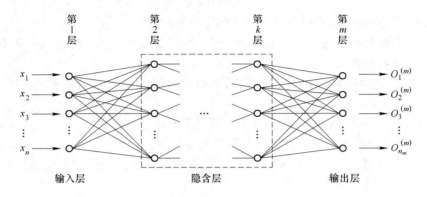

图 6-6 BP 神经网络正向传播示意图

给定学习样本 (x, y) 后，神经网络的权值将被调整，使得下列准则函数最小：

$$E(W) = \frac{1}{2}\|Y - O^{(m)}\|^2 = \frac{1}{2}\sum_{i=1}^{n_m}(y_i - O_i^{(m)})^2$$

式中 y_i——对于输入模式 (x, y) 输出层 m 的第 i 个节点的正确输出。

由梯度下降法可求得 $E(W)$ 的梯度来修正权值，即权值向量 $w_{ij}^{(k)}$ 的修正量可由下式求得：

$$\Delta w_{ij}^{(k)} = -\alpha \frac{\partial E}{\partial w_{ij}^{(k)}} = \alpha \delta_i^{(k)} O_j^{(k-1)}$$

对于输出层 m，有：

$$\delta_i^{(m)} = (y_i - O_i^{(m)})f'(O_i^{(m)})$$

对于隐含层，有：

$$\delta_i^{(k)} = \sum_{j=0}^{n_k} w_{ji}^{(k+1)}\delta_j^{(k+1)}f'(O_i^{(k)}) \qquad (k = 2,3,\cdots,m-1)$$

连接权值按下式修正：

$$w_{ji}^{(k)}(n+1) = \alpha \Delta w_{ji}^{(k)}(n) + \eta \delta_j^{(k)}(n) O_i^{(k-1)}(n)$$

式中 α——动量系数（通过引入该项可以加快学习效率并在一定程度上避免陷入局部最小）；

η——学习步长。

本节中 BP 神经网络选取活化函数 S 形函数，该函数是一个有最大输出值 M 的非线性函数，常取连续值，称为 Sigmoid 曲线，该函数具有平滑和渐进性，并保持单调性。

$$y = f(x) = \frac{1}{1 + \exp(-x)}$$

根据以上所述，BP 神经网络学习算法如下：

（1）根据具体问题确定输入输出模式，准备学习样本（一组输入和期望输出样本对）进行标准化；

（2）设置神经网络结构，确定网络的隐含层和隐含层节点数并初始化权值 w；

（3）对每一个学习样本进行正向传播计算，输出误差；

（4）按照 BP 神经网络算法反向传播调整权值；

（5）判断是否满足学习精度要求，是则终止算法，保存网络结构和权值系数用于预测分析；否则转（3）。

6.3.3 考虑干湿循环影响砂岩本构模型的神经网络表达

影响岩石本构关系的因素较多，包括目前人们还未认识到的影响因素。排除"次生因素"和岩石本身的物理因素外，概括起来主要的独立影响因素有试件尺寸、加载条件和能引发各种次生因素的环境变化因素（时间温度、化学腐蚀环境、物理风化环境、混合弱化环境）等。

考虑到传统的数学本构模型难以准确模拟这种具有复杂特性岩石的本构关系，基于神经网络构建岩石本构模型的方法，并没有显式表达式的隐式本构模型，不必建立精确的数学方程，可以从现有的认识和专家经验基础上出发，获得的大量数据和历史事实，再利用神经网络的自学习和推理特性的功能来完成建立模型。这种隐式本构模型可以通过调整模型结构来实现，并可以考虑多种影响因素。建立神经网络本构关系的过程为：以室内力学试验或现场调查所得的数据为"知识库"，建立 BP 神经网络隐式本构模型，这种考虑多种影响因素在内的本构模型的表达式见式（6-16），因此能为神经网络的学习提供足够的信息，这样更能增加其学习效果。

$$\sigma = f_{NN}(\varepsilon, n, t, T, \vartheta, \cdots) \tag{6-16}$$

式中　　f_{NN}——神经网络隐式；

$\quad\quad n$——干湿循环次数；

$\quad\quad \varepsilon$——应变；

$\quad\quad t$——时间；

$\quad\quad T$——温度；

$\quad\quad \vartheta$——加载速率。

本次采用的数据来自第 3 章中不同干湿循环作用影响下砂岩的单轴压缩试验结果，依据研究目的，将干湿循环作用的影响效应考虑到砂岩本构模型中，建立考虑干湿循环作用的砂岩本构模型。为此，将应变和循环次数作为 BP 神经网络的输入，对应产生的应力则为网络的输出，则可以获得映射关系：

$$f_{NN}(n,\varepsilon_1)\rightarrow\sigma_1$$

6.3.4 模型体系结构的确定

神经网络的构建主要包括网络拓扑结构的设计和参数的设定，主要包括网络结构、隐含层及节点数、初始权值的设置、训练允许的最大期望误差、学习率等。

6.3.4.1 网络结构

很多工程实例证明，神经网络的非线性映射能力在很大的程度上并不取决于对转换函数的选择而是多层神经网络结构决定了其函数逼近能力，在一般情况下任何一个连续函数在闭区间内都可以用一个隐含层的神经网络来逼近。虽然增加神经网络的网络层数可以降低误差提高精度，但是付出的代价就是使网络运算复杂，数值的逻辑关系模糊度增加，网络很容易陷入局部极小，计算时间增长。为了提高神经网络的精度可以通过增加隐含层中的节点数来获得，其训练效果也比增加层数更容易观察和调整，所以一般情况下，应优先考虑增加隐含层中的神经元数。因此，理论上一个三层的 BP 神经网络可以完成任意精度要求的非线性函数的模拟，即采用输入层 – 隐含层 – 输出层的网络结构。

6.3.4.2 隐含层单元数的确定

对于 BP 神经网络而言，隐层单元数的确定是十分重要的，是关系到网络性能好坏的关键因素。隐层单元数跟网络的输入层和输出层以及待解决问题的复杂程度均有关系，最佳数目的确定仍是一个有待解决的难题，当前多采用试错法，也有学者基于研究提出了许多经验公式，见表 6 – 1。

表 6 – 1　隐含层节点数的经验性建议

建 议 者	经 验 公 式
Paola	$H_h=\dfrac{2+N_0N_i+(N_0^2+N_i)\times0.5N_0-3}{N_0+N_i}$
Seibi 和 Al-Alawi	$H_h=\dfrac{p-N_0\theta}{\theta(N_i+N_0+1)}$
Aldrich 和 Reuter	$H_h=\dfrac{p}{k(N_0+N_i)}$
Hush	$H_h=3N_i$

注：H_h、N_i、N_0 分别为隐含层、输入层和输出层的节点数；p 是训练样本数；k 为常数，根据训练数据的复杂程度取值范围 4 ~ 10；θ 是大于 1 的常数。

本次在以上经验公式的基础上采用试错法来最终确定隐含层的节点数为 12 个节点。

综上，本节构建的 BP 神经网络结构最终为 2 – 12 – 1 的结构类型。

6.3.5 模型数据样本的提取及处理

以第 3 章试验结果为依据，在不同次数干湿循环砂岩单轴压缩应力 – 应变曲线上，选取 186 个试验点作为训练样本。以干湿循环次数 n 和轴向应变 ε_1 两个单元作为输入层，输出层只有一个单元 σ_1，即轴向应力，建立 186 个输入输出模式对作为 BP 神经网络本构模型训练样本。

BP 神经网络是一种数值输入输出的映射关系，从而模型的设计最重要的就是弄清正确的数据源，数据的获取是神经网络构建的一个重要环节，正确适用的数据信息是神经网络成功构建的保证。如果数据源中有大量未经处理的、或者虚假的、或夹杂噪声的信息，那必将妨碍对模型的正确设计。因此网络模型设计的第一步就是要进行数据处理，剔除那些无用的数据。数据处理大体上要经过以下几步：

（1）确定与应用有关的数据；

（2）剔除那些在技术上和经济上不符合实际的数据源；

（3）剔除那些边沿或者不可靠的数据源。

根据以上原则，在单轴压缩试验的基础上，提取与模型构建有关的原始数据（表 6 – 2），然后对其数据进行归一化处理，并形成模型的知识库。本次构建的三层 BP 网络本构模型处理单元的转换函数使用 S 形函数，其值域为（0，1），并且在两端 0 和 1 附近的学习速率较慢，因此为了使网络快速收敛同时将提取的数据去量纲化和缩小数据差别，本书采用归一化处理方法：

$$D' = \frac{D - D_{\min}}{D_{\max} - D_{\min}} \times 0.8 + 0.1$$

式中　D'——归一化后的值；

　　　D——原始数据；

　　　$D_{\min}$——原始数据中最小值；

　　　$D_{\max}$——原始数据中最大值（包括模型最高预测次数，本模型设定为 30 次）。

砂岩经过不同次数干湿循环作用后的单轴压缩试验数据经过归一化处理后见表 6 – 3。为了验证模型的学习效果，在室内再次进行经过 20 次干湿循环作用下砂岩单轴压缩试验，根据试验结果进行数据的提取（表 6 – 4），然后对提取的数据进行归一化处理以作为测试样本，见表 6 – 5。

表 6 - 2 **BP 神经网络本构模型训练样本**（原始数据）

编 号	输 入 量		输出量	编 号	输 入 量		输出量
	干湿循环次数/次	应变/%	应力/MPa		干湿循环次数/次	应变/%	应力/MPa
1	0	0.000	0.000	32	1	0.000	0.000
2	0	0.025	1.220	33	1	0.025	0.875
3	0	0.050	2.730	34	1	0.050	1.908
4	0	0.075	4.790	35	1	0.075	3.313
5	0	0.100	6.740	36	1	0.100	4.765
6	0	0.125	9.170	37	1	0.125	6.396
7	0	0.150	11.650	38	1	0.150	8.279
8	0	0.175	14.196	39	1	0.175	10.312
9	0	0.200	17.025	40	1	0.200	12.250
10	0	0.225	20.072	41	1	0.225	14.314
11	0	0.250	23.053	42	1	0.250	16.443
12	0	0.275	25.973	43	1	0.275	18.652
13	0	0.300	28.864	44	1	0.300	20.792
14	0	0.325	31.627	45	1	0.325	22.855
15	0	0.350	34.271	46	1	0.350	24.754
16	0	0.375	36.797	47	1	0.375	26.267
17	0	0.400	38.000	48	1	0.400	27.017
18	0	0.425	0.000	49	1	0.425	26.776
19	0	0.450	0.000	50	1	0.450	22.182
20	0	0.475	0.000	51	1	0.475	21.383
21	0	0.500	0.000	52	1	0.500	20.805
22	0	0.525	0.000	53	1	0.525	0.000
23	0	0.550	0.000	54	1	0.550	0.000
24	0	0.575	0.000	55	1	0.575	0.000
25	0	0.600	0.000	56	1	0.600	0.000
26	0	0.625	0.000	57	1	0.625	0.000
27	0	0.650	0.000	58	1	0.650	0.000
28	0	0.675	0.000	59	1	0.675	0.000
29	0	0.700	0.000	60	1	0.700	0.000
30	0	0.725	0.000	61	1	0.725	0.000
31	0	0.750	0.000	62	1	0.750	0.000

编 号	输 入 量		输出量	编 号	输 入 量		输出量
	干湿循环次数/次	应变/%	应力/MPa		干湿循环次数/次	应变/%	应力/MPa
63	3	0.000	0.000	94	6	0.000	0.000
64	3	0.025	0.779	95	6	0.025	0.601
65	3	0.050	1.584	96	6	0.050	1.242
66	3	0.075	2.689	97	6	0.075	2.127
67	3	0.100	3.871	98	6	0.100	3.127
68	3	0.125	5.155	99	6	0.125	4.197
69	3	0.150	6.494	100	6	0.150	5.277
70	3	0.175	7.850	101	6	0.175	6.377
71	3	0.200	9.175	102	6	0.200	7.456
72	3	0.225	10.669	103	6	0.225	8.639
73	3	0.250	12.167	104	6	0.250	9.895
74	3	0.275	13.654	105	6	0.275	11.198
75	3	0.300	15.048	106	6	0.300	12.220
76	3	0.325	16.425	107	6	0.325	12.857
77	3	0.350	17.938	108	6	0.350	13.223
78	3	0.375	18.776	109	6	0.375	13.389
79	3	0.400	19.058	110	6	0.400	13.388
80	3	0.425	19.000	111	6	0.425	12.429
81	3	0.450	18.248	112	6	0.450	10.775
82	3	0.475	17.048	113	6	0.475	9.360
83	3	0.500	15.438	114	6	0.500	8.565
84	3	0.525	14.705	115	6	0.525	8.220
85	3	0.550	14.499	116	6	0.550	8.000
86	3	0.575	14.424	117	6	0.575	7.769
87	3	0.600	14.303	118	6	0.600	7.509
88	3	0.625	13.876	119	6	0.625	7.249
89	3	0.650	12.870	120	6	0.650	7.033
90	3	0.675	0.000	121	6	0.675	6.873
91	3	0.700	0.000	122	6	0.700	6.873
92	3	0.725	0.000	123	6	0.725	6.873
93	3	0.750	0.000	124	6	0.750	6.873

续表 6 - 2

编 号	输 入 量		输出量	编 号	输 入 量		输出量
	干湿循环次数/次	应变/%	应力/MPa		干湿循环次数/次	应变/%	应力/MPa
125	10	0.000	0.000	156	15	0.000	0.000
126	10	0.025	0.357	157	15	0.025	0.289
127	10	0.050	0.805	158	15	0.050	0.666
128	10	0.075	1.418	159	15	0.075	1.209
129	10	0.100	2.121	160	15	0.100	1.868
130	10	0.125	2.798	161	15	0.125	2.541
131	10	0.150	3.621	162	15	0.150	3.277
132	10	0.175	4.401	163	15	0.175	4.095
133	10	0.200	5.265	164	15	0.200	4.838
134	10	0.225	6.135	165	15	0.225	5.550
135	10	0.250	6.897	166	15	0.250	6.226
136	10	0.275	7.603	167	15	0.275	6.855
137	10	0.300	8.163	168	15	0.300	7.417
138	10	0.325	8.702	169	15	0.325	7.917
139	10	0.350	9.096	170	15	0.350	8.287
140	10	0.375	9.120	171	15	0.375	8.392
141	10	0.400	8.487	172	15	0.400	7.900
142	10	0.425	6.965	173	15	0.425	7.000
143	10	0.450	5.345	174	15	0.450	6.000
144	10	0.475	3.311	175	15	0.475	4.600
145	10	0.500	2.612	176	15	0.500	3.665
146	10	0.525	2.592	177	15	0.525	3.262
147	10	0.550	2.592	178	15	0.550	3.108
148	10	0.575	2.592	179	15	0.575	3.048
149	10	0.600	2.592	180	15	0.600	3.000
150	10	0.625	2.592	181	15	0.625	3.000
151	10	0.650	2.592	182	15	0.650	3.000
152	10	0.675	2.592	183	15	0.675	3.000
153	10	0.700	2.592	184	15	0.700	3.000
154	10	0.725	2.592	185	15	0.725	3.000
155	10	0.750	2.592	186	15	0.750	3.000

表 6-3 **BP 神经网络本构模型训练样本**（归一化后数据）

编号	输入量		输出量	编号	输入量		输出量
	干湿循环次数/次	应变/%	应力/MPa		干湿循环次数/次	应变/%	应力/MPa
1	0.1000	0.1000	0.1000	32	0.1267	0.1000	0.1000
2	0.1000	0.1067	0.1244	33	0.1267	0.1067	0.1175
3	0.1000	0.1133	0.1546	34	0.1267	0.1133	0.1382
4	0.1000	0.1200	0.1958	35	0.1267	0.1200	0.1663
5	0.1000	0.1267	0.2348	36	0.1267	0.1267	0.1953
6	0.1000	0.1333	0.2834	37	0.1267	0.1333	0.2279
7	0.1000	0.1400	0.3330	38	0.1267	0.1400	0.2656
8	0.1000	0.1467	0.3839	39	0.1267	0.1467	0.3062
9	0.1000	0.1533	0.4405	40	0.1267	0.1533	0.3450
10	0.1000	0.1600	0.5014	41	0.1267	0.1600	0.3863
11	0.1000	0.1667	0.5611	42	0.1267	0.1667	0.4289
12	0.1000	0.1733	0.6195	43	0.1267	0.1733	0.4730
13	0.1000	0.1800	0.6773	44	0.1267	0.1800	0.5158
14	0.1000	0.1867	0.7325	45	0.1267	0.1867	0.5571
15	0.1000	0.1933	0.7854	46	0.1267	0.1933	0.5951
16	0.1000	0.2000	0.8359	47	0.1267	0.2000	0.6253
17	0.1000	0.2067	0.8600	48	0.1267	0.2067	0.6403
18	0.1000	0.2133	0.1000	49	0.1267	0.2133	0.6355
19	0.1000	0.2200	0.1000	50	0.1267	0.2200	0.5436
20	0.1000	0.2267	0.1000	51	0.1267	0.2267	0.5277
21	0.1000	0.2333	0.1000	52	0.1267	0.2333	0.5161
22	0.1000	0.2400	0.1000	53	0.1267	0.2400	0.1000
23	0.1000	0.2467	0.1000	54	0.1267	0.2467	0.1000
24	0.1000	0.2533	0.1000	55	0.1267	0.2533	0.1000
25	0.1000	0.2600	0.1000	56	0.1267	0.2600	0.1000
26	0.1000	0.2667	0.1000	57	0.1267	0.2667	0.1000
27	0.1000	0.2733	0.1000	58	0.1267	0.2733	0.1000
28	0.1000	0.2800	0.1000	59	0.1267	0.2800	0.1000
29	0.1000	0.2867	0.1000	60	0.1267	0.2867	0.1000
30	0.1000	0.2933	0.1000	61	0.1267	0.2933	0.1000
31	0.1000	0.3000	0.1000	62	0.1267	0.3000	0.1000

续表 6 – 3

编　号	输　入　量		输出量	编　号	输　入　量		输出量
	干湿循环 次数/次	应变/%	应力/MPa		干湿循环 次数/次	应变/%	应力/MPa
63	0.1800	0.1000	0.1000	94	0.2600	0.1000	0.1000
64	0.1800	0.1067	0.1156	95	0.2600	0.1067	0.1120
65	0.1800	0.1133	0.1317	96	0.2600	0.1133	0.1248
66	0.1800	0.1200	0.1538	97	0.2600	0.1200	0.1425
67	0.1800	0.1267	0.1774	98	0.2600	0.1267	0.1625
68	0.1800	0.1333	0.2031	99	0.2600	0.1333	0.1839
69	0.1800	0.1400	0.2299	100	0.2600	0.1400	0.2055
70	0.1800	0.1467	0.2570	101	0.2600	0.1467	0.2275
71	0.1800	0.1533	0.2835	102	0.2600	0.1533	0.2491
72	0.1800	0.1600	0.3134	103	0.2600	0.1600	0.2728
73	0.1800	0.1667	0.3433	104	0.2600	0.1667	0.2979
74	0.1800	0.1733	0.3731	105	0.2600	0.1733	0.3240
75	0.1800	0.1800	0.4010	106	0.2600	0.1800	0.3444
76	0.1800	0.1867	0.4285	107	0.2600	0.1867	0.3571
77	0.1800	0.1933	0.4588	108	0.2600	0.1933	0.3645
78	0.1800	0.2000	0.4755	109	0.2600	0.2000	0.3678
79	0.1800	0.2067	0.4812	110	0.2600	0.2067	0.3678
80	0.1800	0.2133	0.4800	111	0.2600	0.2133	0.3486
81	0.1800	0.2200	0.4650	112	0.2600	0.2200	0.3155
82	0.1800	0.2267	0.4410	113	0.2600	0.2267	0.2872
83	0.1800	0.2333	0.4088	114	0.2600	0.2333	0.2713
84	0.1800	0.2400	0.3941	115	0.2600	0.2400	0.2644
85	0.1800	0.2467	0.3900	116	0.2600	0.2467	0.2600
86	0.1800	0.2533	0.3885	117	0.2600	0.2533	0.2554
87	0.1800	0.2600	0.3861	118	0.2600	0.2600	0.2502
88	0.1800	0.2667	0.3775	119	0.2600	0.2667	0.2450
89	0.1800	0.2733	0.3574	120	0.2600	0.2733	0.2407
90	0.1800	0.2800	0.1000	121	0.2600	0.2800	0.2375
91	0.1800	0.2867	0.1000	122	0.2600	0.2867	0.2375
92	0.1800	0.2933	0.1000	123	0.2600	0.2933	0.2375
93	0.1800	0.3000	0.1000	124	0.2600	0.3000	0.2375

续表 6 - 3

编 号	输 入 量		输出量	编 号	输 入 量		输出量
	干湿循环次数/次	应变/%	应力/MPa		干湿循环次数/次	应变/%	应力/MPa
125	0.3667	0.1000	0.1000	156	0.5000	0.1000	0.1000
126	0.3667	0.1067	0.1071	157	0.5000	0.1067	0.1058
127	0.3667	0.1133	0.1161	158	0.5000	0.1133	0.1133
128	0.3667	0.1200	0.1284	159	0.5000	0.1200	0.1242
129	0.3667	0.1267	0.1424	160	0.5000	0.1267	0.1374
130	0.3667	0.1333	0.1560	161	0.5000	0.1333	0.1508
131	0.3667	0.1400	0.1724	162	0.5000	0.1400	0.1655
132	0.3667	0.1467	0.1880	163	0.5000	0.1467	0.1819
133	0.3667	0.1533	0.2053	164	0.5000	0.1533	0.1968
134	0.3667	0.1600	0.2227	165	0.5000	0.1600	0.2110
135	0.3667	0.1667	0.2379	166	0.5000	0.1667	0.2245
136	0.3667	0.1733	0.2521	167	0.5000	0.1733	0.2371
137	0.3667	0.1800	0.2633	168	0.5000	0.1800	0.2483
138	0.3667	0.1867	0.2740	169	0.5000	0.1867	0.2583
139	0.3667	0.1933	0.2819	170	0.5000	0.1933	0.2657
140	0.3667	0.2000	0.2824	171	0.5000	0.2000	0.2678
141	0.3667	0.2067	0.2697	172	0.5000	0.2067	0.2580
142	0.3667	0.2133	0.2393	173	0.5000	0.2133	0.2400
143	0.3667	0.2200	0.2069	174	0.5000	0.2200	0.2200
144	0.3667	0.2267	0.1662	175	0.5000	0.2267	0.1920
145	0.3667	0.2333	0.1522	176	0.5000	0.2333	0.1733
146	0.3667	0.2400	0.1518	177	0.5000	0.2400	0.1652
147	0.3667	0.2467	0.1518	178	0.5000	0.2467	0.1622
148	0.3667	0.2533	0.1518	179	0.5000	0.2533	0.1610
149	0.3667	0.2600	0.1518	180	0.5000	0.2600	0.1600
150	0.3667	0.2667	0.1518	181	0.5000	0.2667	0.1600
151	0.3667	0.2733	0.1518	182	0.5000	0.2733	0.1600
152	0.3667	0.2800	0.1518	183	0.5000	0.2800	0.1600
153	0.3667	0.2867	0.1518	184	0.5000	0.2867	0.1600
154	0.3667	0.2933	0.1518	185	0.5000	0.2933	0.1600
155	0.3667	0.3000	0.1518	186	0.5000	0.3000	0.1600

表 6-4　测试样本（原始数据）

编　号	输 入 量		期望输出	编　号	输 入 量		期望输出
	干湿循环次数/次	应变/%	应力/MPa		干湿循环次数/次	应变/%	应力/MPa
1	20	0.000	0	17	20	0.400	8.0584
2	20	0.025	0.2678	18	20	0.425	6.9112
3	20	0.050	0.5436	19	20	0.450	4.8911
4	20	0.075	1.0132	20	20	0.475	3.1957
5	20	0.100	1.3645	21	20	0.500	2.4486
6	20	0.125	1.9631	22	20	0.525	2.2837
7	20	0.150	2.6155	23	20	0.550	2.2837
8	20	0.175	3.323	24	20	0.575	2.2837
9	20	0.200	3.9813	25	20	0.600	2.2837
10	20	0.225	4.6799	26	20	0.625	2.2837
11	20	0.250	5.4024	27	20	0.650	2.2837
12	20	0.275	6.2279	28	20	0.675	2.2837
13	20	0.300	6.8316	29	20	0.700	2.2837
14	20	0.325	7.3818	30	20	0.725	2.2837
15	20	0.350	8.0262	31	20	0.750	2.2837
16	20	0.375	8.2462				

表 6-5　测试样本（归一化后数据）

编　号	输 入 量		期望输出	编　号	输 入 量		期望输出
	干湿循环次数/次	应变/%	应力/MPa		干湿循环次数/次	应变/%	应力/MPa
1	0.6333	0.1000	0.1060	17	0.6333	0.2067	0.2249
2	0.6333	0.1067	0.1138	18	0.6333	0.2133	0.1978
3	0.6333	0.1133	0.1223	19	0.6333	0.2200	0.1639
4	0.6333	0.1200	0.1313	20	0.6333	0.2267	0.1590
5	0.6333	0.1267	0.1413	21	0.6333	0.2333	0.1457
6	0.6333	0.1333	0.1523	22	0.6333	0.2400	0.1466
7	0.6333	0.1400	0.1725	23	0.6333	0.2467	0.1485
8	0.6333	0.1467	0.1836	24	0.6333	0.2533	0.1505
9	0.6333	0.1533	0.1936	25	0.6333	0.2600	0.1497
10	0.6333	0.1600	0.2080	26	0.6333	0.2667	0.1490
11	0.6333	0.1667	0.2246	27	0.6333	0.2733	0.1483
12	0.6333	0.1733	0.2346	28	0.6333	0.2800	0.1475
13	0.6333	0.1800	0.2476	29	0.6333	0.2867	0.1448
14	0.6333	0.1867	0.2585	30	0.6333	0.2933	0.1420
15	0.6333	0.1933	0.2559	31	0.6333	0.3000	0.1420
16	0.6333	0.2000	0.2475				

6.3.6　BP 神经网络本构模型的程序实现

基于 matlab 软件中的人工神经网络工具箱对所构建的 BP 神经网络本构模型进行计算，输入程序语句：

$$net = newff(PR, [S_1, S_2, S_3, \cdots, S_N], [TF_1, TF_2, \cdots, TF_N], BTF, BLE, PF)$$

其中：

PR：一个由每个输入向量的最大和最小值构成的 $R \times 2$ 矩阵，R 为输入神经元数目；

S_i：第 i 层网络的神经元个数，网络共有 N 层；

TF_i：第 i 层网络神经元的变换函数，缺省为 tansig；

BTF：BP 训练算法函数，缺省为 trainlm；

BLE：学习函数，缺省为 learngdm；

PF：性能函数，缺省为 mse。

6.3.6.1　神经网络函数的选取

应用 matlab 神经网络工具箱创建三层的 BP 神经网络本构模型，最主要的工作是 newff( )中的调用函数的确定，即神经网络的学习函数、训练函数、性能函数的确定。其中学习函数和性能函数的选择空间较小，本次采用较常用的学习函数 learngdm 和性能函数 mse。Matlab 神经网络工具箱提供了很多训练函数以满足不同问题的需要，见表 6 – 6，本书根据其适用特征选择 trainbfg 函数。

表 6 – 6　BP 网络训练函数

训练函数	适用类型	收敛性能	占用储存	其 他 特 点
trainlm	函数拟合	收敛快、误差小	大	性能随网络规模增大而变差
trainrp	模式分类	收敛最快	较小	性能随网络训练误差减小而变差
trainscg	函数拟合	收敛较快	较大	尤其适合于网络规模较大的情况
trainbfg	函数拟合	收敛较快	较大	计算量随网络规模的增大呈几何增长
traingdx	模式分类	收敛较慢	较小	适用于提前停止的方法

6.3.6.2　期望误差的选取

期望误差是神经网络运行的主要控制参数之一，它的大小直接关系到网络的精确度。网络可以通过期望误差来判断训练的结果是否可行，通过设定期望误差作为神经网络训练的终止条件。通常情况下规律性很强的映射关系可以无限收敛到非常小的误差。岩石的本构关系受影响的因素较多，因此目前试验条件下试验得到的应力 – 应变关系曲线较真实的本构关系有着一定误差，即便是完全相同岩体上钻取的岩块所得的应力 – 应变关系有时候亦有着不用程度的差异，因此本书所构建的考虑干湿循环作用影响的砂岩的神经网络模型的期望误差可以设定得相对较大些，基于此，在通过多次试错调试的基础上设定期望误差为0.0005。

6.3.6.3 训练次数的确定

神经网络不能无休止地训练下去，输入数据、网络结构、隐节点数、训练函数等"先天因素"决定了网络的性能，因此训练到一定程度，网络的误差会趋向于一个稳定的数值，此时就是这个网络的最佳训练次数。如果继续训练，会浪费很多时间，或是导致循环运算。如果小于最佳训练次数，说明网络训练不够充分，有可能影响网络的泛化能力，导致仿真结果不精确。本书选用的网络经过实验将训练次数定为10000次。

6.3.6.4 学习速率的确定

学习速率决定每一次循环训练中所产生的权值变化量。若学习速率过大可能导致系统的不稳定；但学习速率过小会导致训练时间较长，收敛速度很慢，不过能保证网络的误差值不跳出误差表面的低谷而最终趋于最小误差值。所以在一般情况下，倾向于选取较小的学习速率以保证系统的稳定性。学习速率的选取范围多在0.0~0.8之间，在此本书BP神经网络模型训练过程设定学习率为0.01。

综合以上，在matlab平台上实现构建的考虑干湿循环影响砂岩的BP神经网络本构模型的程序以及模型训练程序代码如下：

```
P = [输入归一化后训练样本表6-3];
T = [输出归一化后训练样本表6-3];
net = newff(minmax(P),[12,1],{'tansig' 'tansig' 'tansig'},'trainbfg','learngdm','mse');
net = init(net);
net. trainParam. epochs = 10000;
net. trainParam. goal = 0.0005;
net. trainParam. show = 100;
net. trainParam. lr = 0.01;
net = train(net,P,T);
```

将以上程序代码在matlab软件中运行，运算过程中产生的误差曲线见图6-7。从图中可以看出网络刚开始训练时收敛速度较快，随后误差下降速度逐步减慢。模型经过700多次的训练达到了期望误差。训练过程耗时4s左右，这说明网络的效率较好。

6.3.7 基于BP神经网络本构模型的仿真分析

为了测试经训练后的砂岩BP神经网络本构模型的准确性，在matlab软件平台上，运用训练学习好的BP神经网络本构模型对测试样本（干湿循环20次）进行仿真试验，将仿真结果绘制成应力-应变曲线，对比分析试验结果见图6-8。

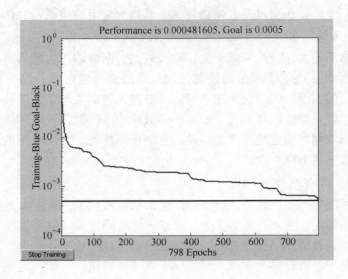

图 6 - 7　误差收敛曲线

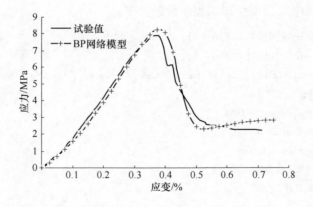

图 6 - 8　BP 神经网络本构模型预测结果（干湿循环 20 次）

　　从图 6 - 8 中可以看出，仿真结果与试验结果相差不大，其平均误差为 5.62%，这表明经过训练的砂岩 BP 神经网络本构模型能很好地逼近试验曲线，本书构建的砂岩 BP 神经网络本构模型有着很好的预测能力。为了充分验证该模型的准确性，将该模型对部分已经训练过的学习样本进行仿真运算，即对干湿循环 0 次、10 次的砂岩本构关系进行仿真运算，并结合试验得到的应力 - 应变关系曲线对比分析，见图 6 - 9，从图中很容易发现，该模型对已经参加过训练学习的样本有着非常高的预测精度。

　　综上所述，根据选取的训练样本和测试样本，对本书构建的考虑干湿循环影

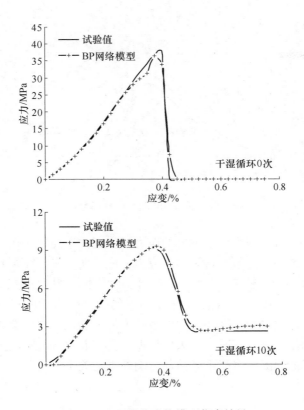

图 6 - 9　BP 网络本构模型仿真结果

响的砂岩的 BP 神经网络本构模型进行了学习和仿真测试，仿真结果表明该模型对应力－应变曲线的峰前阶段以及峰后阶段都有着很高的逼近效果，弥补了传统本构模型建立方法对峰后阶段描述不准确的情况，而且避免了传统本构模型预先假设条件造成的模型误差。因此本书构建的考虑干湿循环作用的砂岩 BP 神经网络本构模型可以代替传统的本构关系，使得岩石力学数值方法向着快速、高效的目标迈进。

6.3.8　砂岩 BP 网络本构模型的预测应用

关于干湿循环作用对砂岩力学特性影响的研究，在第 3 章中通过 15 次干湿循环试验进行了相关研究，从中得到了相应力学参数随干湿循环作用次数的变化规律，掌握了砂岩受干湿循环作用影响的基本规律。为了观察砂岩受更多次干湿循环作用的影响效果，本书通过构建的砂岩 BP 网络本构模型对砂岩经过 25 次和 30 次干湿循环作用的影响结果进行预测，根据预测结果绘制的全应力－应变曲线见图 6 - 10。

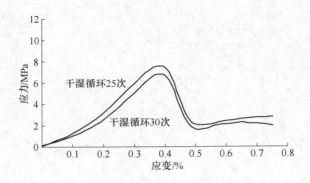

图 6 – 10 砂岩 BP 网络模型预测结果

从图 6 – 10 中可以观察出，砂岩的应力 – 应变关系曲线表现出明显的五阶段特征，这与前文试验部分研究得到的全应力 – 应变曲线受干湿循环作用影响的变化规律一致。砂岩经过 25 次和 30 次干湿循环作用后的抗压强度分别为 7.55MPa、7.0MPa，比 15 次干湿循环作用下的强度略有下降，这说明对某一类特定的岩石而言，随着干湿循环作用次数的增加，其抗压强度会逐步趋向某一临界值，而不会无休止的一直减小下去。同时，亦可证明本书构建的 BP 神经网络本构模型能很好地预测砂岩受干湿循环影响的本构关系。

6.4 本章小结

本章针对第 3 章和第 4 章两种不同的试验类型，分别采用损伤力学理论与神经网络基本原理，对其本构模型进行了构建。获得如下结论：

（1）通过定义岩石的损伤变量 D，并假设岩石微元破坏服从 Weibull 分布，能够建立较完整的岩石损伤统计本构模型。

（2）损伤统计本构模型基本能够反应不同干湿循环效应影响下的岩石应力 – 应变关系曲线，但对于在加载初期岩石内部裂隙发生闭合导致曲线出现明显上凹等非线性变形的情况，理论模型的吻合度较差。

（3）构造了考虑干湿循环影响的砂岩本构模型的神经网络表达，即 BP 神经网络本构模型的输入输出的映射关系：$f_{NN}(n, \varepsilon_1) \rightarrow \sigma_1$。

（4）确定了 2 – 12 – 1 的三层 BP 网络模型结构。根据室内不同干湿循环次数下的单轴压缩力学试验结果，提取与模型构建有关的数据，并对其数据进行归一化处理，形成了网络本构模型的学习和训练样本。

（5）基于 matlab 软件平台，在确定了适合岩石本构模型的网络函数和参数的基础上编程实现了构建的砂岩 BP 网络本构模型。根据选取的训练样本和测试样本对构建的砂岩 BP 网络本构模型进行训练学习和仿真测试，并对多次干湿循环的影响进行了预测研究，结果显示，模型能很好地反映砂岩受干湿循环影响下破坏的全过程，预测精度比传统的数学模型法高，表明采用 BP 神经网络构建本构模型是合理可行的，对工程分析及设计有一定的参考作用。

参考文献

［1］ 徐涛，唐春安，张哲，等．单轴压缩条件下脆性岩石变形破坏的理论、试验与数值模拟［J］．东北大学学报（自然科学版），2003，24（1）：87～90.

［2］ 李兆霞．损伤力学及其应用［M］．北京：科学出版社，2002.

［3］ 徐卫亚，韦立德．岩石损伤统计本构模型的研究［J］．岩石力学与工程学报，2002，21（6）：787～791.

［4］ Kachanov L M．连续介质损伤力学引论［M］．杜善义，王殿富，译．哈尔滨：哈尔滨工业大学出版社，1989.

［5］ Lemaitre J．How to use damage mechanics［J］．Nuclear Engineering and Design，1984，80（3）：233～245.

［6］ Lemaitre J．A continuous mechanic model for ductile materials［J］．J. Eng. Mater. Tech，1985，107（1）：83～89.

［7］ 曹文贵，方祖烈，唐学军．岩石损伤软化统计本构模型之研究［J］．岩石力学与工程学报，1998，17（6）：628～633.

［8］ 曹文贵，张升．基于 Mohr-Coulomb 准则的岩石损伤统计分析方法研究［J］．湖南大学学报（自然科学版），2005，32（1）：43～47.

［9］ 曹文贵，赵明华，刘成学．基于统计损伤理论的莫尔－库仑岩石强度判据修正方法之研究［J］．岩石力学与工程学报，2005，24（14）：2403～2408.

［10］ 商霖，宁建国．强冲击载荷下混凝土动态本构关系［J］．工程力学，2005，22（2）：116～119.

［11］ 谢和平．岩石混凝土损伤力学［M］．徐州：中国矿业大学出版社，1990.

［12］ Ghaboussi J，Garrett J J H，Wu X．Material modeling with neural networks［C］// Proceedings of the International Conference on Numerical Methods in Engineering：Theory and Applications. Swansea，U. K.，1990：701～717.

［13］ Ghaboussi J，Sidarta D E．New nested adaptive neural networks（NANN）for constitutive modeling［J］．Computers and Geotechnics，1998，22（1）：29～52.

［14］ Banimahd M，Yasrobi S S，Woodward P K．Artificial neural network for stress-strain behavior of sandy soils：Knowledge based verification［J］．Computers and Geotechnics，2005，32（5）：377～386.

［15］ 许江，李树春，刘延保，等．基于 Drucker-Prager 准则的岩石损伤本构模型［J］．西南交通大学学报，2007，42（3）：278～282.

［16］ 冯夏庭．智能岩石力学导论［M］．北京：科学出版社，2000.

［17］ 陈炳瑞，冯夏庭，丁梧秀，等．化学腐蚀下岩石应力应变进化神经网络本构模型［J］．东北大学学报（自然科学版），2004，25（7）：695～698.

[18] 陈炳瑞，冯夏庭，姚华彦，等. 水化学溶液下灰岩力学特性及神经网络模拟研究 [J]. 岩土力学，2010，31（4）：1173～1180.

[19] 王在泉，张黎明，贺俊征. 岩石卸荷本构关系的 BP 神经网络模型 [J]. 岩土力学，2004，25（S1）：119～121.

[20] 宋飞，赵法锁. 分级加载下岩土流变的神经网络模型 [J]. 岩土力学，2006，27（7）：1187～1190.

[21] 谭云亮，王春秋. 岩石本构关系的径向基函数神经网络快速逼近模型 [J]. 岩土工程学报，2001，23（1）：14～17.